SOMOS NATUREZA

SOLUÇÕES BASEADAS NA NATUREZA PARA O DESENVOLVIMENTO LOCAL

Gustavo Machado

SOMOS NATUREZA

SOLUÇÕES BASEADAS NA NATUREZA PARA O DESENVOLVIMENTO LOCAL

Copyright © 2022 Gustavo Carvalhaes Xavier Martins Pontual Machado

Para mais informações, por favor, acesse
http //creative commons.org/licenses/by-nc-nd/4.0/

Essa publicação foi realizada com apoio da Faperj a partir do Edital 02/2020.

Coordenação Editorial
Isabel Valle

Revisão e preparação de texto
Milena Manhães Rodrigues

Revisão Final
Vinicius Trindade

Direção de Arte e Design
Silvia de Almeida Batalha

Imagens
Eduardo Napoli
Bernard Barreto
Acervo OTSS
Leonardo Veras
Mariana Vitali

Capa
Arte: Silvia de Almeida Batalha
Foto: Bernard Barreto

www.bambualeditora.com
contato@bambualeditora.com

```
            Dados Internacionais de Catalogação na Publicação (CIP)
                   (Câmara Brasileira do Livro, SP, Brasil)

        Machado, Gustavo
            Somos natureza : soluções baseadas na natureza
        para o desenvolvimento local / Gustavo Machado. --
        Rio de Janeiro : Bambual Editora, 2022.

            Bibliografia.
            ISBN 978-65-89138-24-2

            1. Água - Conservação 2. Desenvolvimento social
        3. Desenvolvimento sustentável 4. Educação ambiental
        5. Saneamento básico 6. Saneamento ecológico
        7. Soluções baseadas na natureza I. Título.

        22-110706                                   CDD-370.113
```

Índices para catálogo sistemático:

1. Meio ambiente : Desenvolvimento sustentável :
   Educação para o trabalho   370.113

Aline Graziele Benitez - Bibliotecária - CRB-1/3129

CACHOEIRA DA FEITICEIRA - ILHA GRANDE/RJ
FOTO: BERNARD BARRETO

Ao Ticote, Jadson e Tatsuo,
esse livro e minha própria transformação
pessoal e social aconteceram a partir das
nossas trocas e de tanta generosidade.
Sou o que sou através de vocês.

AGRADECIMENTOS

À minha mãe Beatriz, que sempre apoiou minhas escolhas, por mais diferenciadas que sejam. Aos meus avós Nilza e Luiz Jader, meus tios Jader, Célia e Deth, por sempre me incentivarem a prosseguir. Com vocês, aprendi a ser humano da forma mais diversa possível!

À Milena Manhães e Leonardo Veras, por terem me incentivado e me dado as mãos, literalmente, na tradução das minhas experiências para que este livro tomasse forma.

Ao Eduardo Ferreira e a Carine Morrot, por terem me acompanhado na minha jornada de doutorado.

Ao Francisco Xavier (Ticote) e Jardson dos Santos (Jad), amigos que fiz nessa caminhada e que sempre fizeram jus ao lema: "preservar é resistir", me relembrando constantemente da sabedoria que está no território.

À equipe do Observatório de Territórios Sustentáveis e Saudáveis da Bocaina (OTSS), em sua integralidade, por atravessarmos mares adversos coletivamente e construirmos pontes, a partir da constante busca pela ecologia de saberes na prática, em especial: Indira França, Mauro Gomes, Cintia Cristo, Erica Mazzieri, Eduardo Napoli e Edmundo Gallo.

A todos que passaram pela equipe de saneamento ecológico do OTSS e que contribuíram nesse sentido: Tiago Ruprecht, Patricia Finamore, Tatsuo Shubo, Fabio Reis, Lucia Carrera, Cristina Roale, Leonardo Adler, Maira Franco Netto, Alexandre Pessoa e novamente ao Jad e Ticote.

À Fundação Nacional de Saúde (Funasa), que apoiou financeiramente e participou em muitos momentos desssa construção coletiva, em especial ao José Roberto Gonçalves e Mariana Vitali.

Ao Fórum de Comunidades Tradicionais de Angra dos Reis, Paraty e Ubatuba (FCT), em especial à Vagner do Nascimento (Vaguinho), Laura dos Santos e Marcela Cananea. Cada um de vocês me desconstruiu de formas intangíveis.

Aos moradores da Praia do Sono, construtores e contribuidores ao longo de todo o processo e a Associação de Moradores da comunidade caiçara da Praia do Sono.

Aos povos tradicionais por me ensinarem sobre a importância da luta por direitos, a partir de exercitarem o bem viver na prática.

Agradeço profundamente aos meus guias e mentores espirituais que sempre estiveram presentes em minha vida, mesmo quando eu ainda não conseguia percebê-los, me protegendo e me guiando através da intuição.

À Yemanja, Oxum, Iansã e Ogum Beira Mar, por sempre me conectarem com as águas. À Jangada e as frequências do Alinhamento Energético, por me conduzirem de inúmeras formas.

Aos amigos do Núcleo Interdisciplinar para o Desenvolvimento Social (NIDES/UFRJ), que me relembram a relevância de expandirmos horizontes de forma genuína, em especial: Fernanda Araújo, Celso Alvear, Carlos Pereira, Flavio Chedid, Felipe Addor e Ariel Cavalcanti.

Finalmente, gostaria de agradecer a FAPERJ pelo apoio concedido para editoração desse livro e disseminação de novos caminhos que valorizem a ecologia de saberes e as soluções baseadas na natureza.

PREFÁCIO

Vivemos tempos de incertezas, de extrema complexidade e que ameaçam a nossa permanência enquanto espécie em nosso único planeta Terra. Temos desafios gigantescos resultantes da exploração cada vez mais rápida e impactante da natureza e da grande maioria das pessoas. O sistema sócio-ecológico-tecnológico que impera há décadas é linear, com uma economia fundamentada no consumo e descarte, concentra renda na mão de pouquíssimas pessoas (as dez famílias mais abastadas do mundo possuem riqueza igual à da metade mais carente da humanidade, mais de 3 bilhões e meio de pessoas) gerando uma desigualdade social abissal. Esse sistema predatório é fruto de uma visão equivocada de que se pode explorar eternamente a natureza, sempre compreendida em termos de recursos naturais a serem transformados em recursos financeiros. Uma das maiores barreiras para a transição rumo a uma nova economia ecológica é o descolamento da sociedade de consumo da natureza, consequentemente, o mesmo ocorre com as pessoas desde o dia em que nascem.

Gustavo Machado, ao escrever o livro Somos Natureza, levanta o tema que parece óbvio e que é fundamental, uma vez que grande parte das pessoas ignora e não compreende a extensão da sua relevância. Traz uma 'multivisão' interrelacional e interdisciplinar, construída a partir de suas inquietações pessoais, de maneira a criar pontes e estimular pessoas e saberes a saírem das 'caixas', em busca de novas práticas transdisciplinares, que tragam novos resultados, que sejam inclusivas e baseadas na natureza.

Engenheiro químico de formação, Gustavo passou por um rico processo pessoal de transformação e autoconhecimento, que o levou por caminhos de aprendizagem e amadurecimento de tal profundidade que fez com que ele passasse a outras formas de fazer e cuidar da natureza. Percorreu caminhos complementares: saneamento ecológico, permacultura, educação ambiental, ecologia de saberes, reflexão crítica, pesquisa-ação e justiça ambiental. De forma clara e objetiva, ele se inspira nos organismos decompositores, que são essenciais para a dinâmica e saúde dos ecossistemas, e nos conduz a compreender a importância da mudança de valores. Convida a quem o lê a refletir sobre seu papel no mundo, que pode ser o de predador ou o de agente regenerador. Para isso, introduz a economia circular com objetivo de fechar os ciclos como na natureza, saindo do paradigma linear.

Ele ainda questiona o papel da ciência que está a favor do modus operandi que mantém o sistema que não promove mudança real para a imensa maioria das pessoas, comunidades e na relação com a natureza. Reflete sobre visões distintas que devem buscar as convergências para se construir uma nova realidade regenerativa, com atuação cooperativa e humanitária, usando a tecnologia a favor da vida.

O enfoque nas soluções baseadas na natureza, para responder ao desafio cotidiano do tratamento do esgoto em escala local, é o mote para a transição para um novo estado de relação com e entre as pessoas, muitas vezes invisibilizadas, e a natureza. Partindo de técnicas que estimulam "sonhar para fazer", Gustavo Machado transita em seu livro por um universo estimulante de experiências e aprendizados, barreiras e superações. Inspira a olharmos para nós mesmos e a abrir a escuta. Coloca perguntas pertinentes e vai atrás de respostas com trabalho de campo efetivo junto a caiçaras, quilombolas e outras comunidades locais no paraíso que é Paraty, no Estado do Rio de Janeiro.

O livro Somos Natureza: soluções baseadas na natureza para o desenvolvimento local preenche uma lacuna essencial que conecta pesquisas e práticas em pequena escala de construção de saneamento ecológico. São técnicas que consorciam o tratamento de esgoto em escala local e fecham o ciclo com a transformação do esgoto em solo fértil que produz alimentos. Gustavo nos leva, de forma leve e atraente, pelos caminhos que ele percorreu no processo de 'deslocamento' de interventor a facilitador, com a interação de múltiplos saberes que valorizam diálogos e a trocas. Nos fala da importância da comunicação, da educação, do 'fazer junto', do engajamento de moradores e da participação de diversos outros atores públicos e privados.

Com isso, ganhamos uma obra de relevância em diversos campos em que o autor transita, tendo como epicentro ecologias: dos saberes tradicionais para a convergência coletiva, onde há o encontro horizontal da técnica com a ciência; dos sentidos, que incorporam várias visões de mundo. As experiências que Gustavo que compartilha conosco nesse livro nos inspira a compreender que o importante é 'aprender fazendo', que o aprendizado empodera, que cada lugar é único e que as relações são a chave para as transformações que são essenciais no mundo atual.

Boa leitura!
Cecilia Polacow Herzog

SUMÁRIO

PREFÁCIO - Cecilia Polacow Herzog....................................11

1. INTRODUÇÃO...17
   1.1 Apresentação do autor..24

2. A COMUNICAÇÃO COM A NATUREZA......................31

3. UMA ABORDAGEM INTEGRAL PARA ATUAR
   COM SOLUÇÕES BASEADAS NA NATUREZA E
   DESENVOLVIMENTO LOCAL......................................49

4. QUAL O CAMINHO PARA ENVOLVER TANTO AS
   PESSOAS QUANTO A NATUREZA?.............................81

5. SONHAR JUNTOS PARA ENVOLVER AS PESSOAS:
   COMO ATUAR COM CRIAÇÃO COLABORATIVA
   DE PROJETOS..105

6. UMA EXPERIÊNCIA PRÁTICA DE PESQUISA-AÇÃO
   NO CAMPO DE SANEAMENTO................................127
   6.1 O caminho metodológico dessa experiência.........133

7. A ESCOLHA DA TECNOLOGIA.................................143

8. CONDUÇÃO DAS AÇÕES DE EDUCOMUNICAÇÃO
   NA ESCOLA...157

9. CONSTRUÇÃO DO PRIMEIRO MÓDULO
   NA ESCOLA...173

10. CONSTRUÇÃO NAS CASAS...................................191

11. DESDOBRAMENTO NAS CASAS............................213

12. FECHANDO O CICLO..233

13. O REENCONTRO COM A NATUREZA.....................239

REFERÊNCIAS..245

1.
INTRODUÇÃO

"Cada vez que eu tomo um banho de rio, fico meditando
Que não existe um rio, o que existe é água passando
Olha a água passando, olha a água passando e vai passar
A água que era rio, há muito tempo já virou mar"

Cristina Tati - A Vida - Banho de Rio

Esse livro começou a ser gestado na pandemia do covid-19. Em um dos momentos mais complexos da minha geração, no qual um vírus nos mostra o quanto somos interdependentes, como estamos conectados e por que devemos compreender que a Terra nos acolhe e nos fornece o que precisamos, mas tem recursos finitos. Exatamente nesse momento da humanidade, barreiras internas e externas são quebradas e muitos se percebem vulneráveis. Esse movimento de reflexão trará muitos aprendizados que serão sentidos em nossas relações sociais nas próximas décadas. Contudo, não se trata de um desafio do agora, mas de algumas gerações, que precisam repensar conceitos de sustentabilidade e do que é desenvolvimento.

É a partir dessa compreensão que retomo as origens para poder dividir meu ponto de vista. Cresci num mundo em que percebia incongruências e não sabia como me posicionar. Da mesma forma que ouvia sobre a importância do crescimento econômico, desde pequeno, me incomodava o desperdício de água dentro da minha própria casa. Assim me vi crescendo em meio a paradigmas contraditórios que falavam tanto de expansão como de cuidado, com valores diferenciados para cada peso dessa balança.

Você talvez já tenha se percebido pensando de uma forma, mas agindo de outra, que considera incongruente com o que você fala e acredita. Se pergunte sobre isso: como e quando acontece?

É exatamente essa pergunta que me move. Como ser menos incongruente e poder atuar na transição de uma cultura do medo, que prefere a segurança, para uma cultura de cuidado e confiança, afinal confiar traz em sua etimologia a visão de fiar juntos, construir juntos.

Então compreendo que é natural que estejamos nesse momento, como indivíduos e também como coletivo, de aprendizado e transição, de uma visão de mundo de competição e crescimento, para uma nova visão de cooperação e cuidado. Vivemos hoje um grande dilema, pois não sabemos exatamente como criar o novo, mas talvez alguns se peguem discordando dos paradigmas e crenças instaurados, tidos muitas vezes como verdades, quando não são.

Nesse contexto, desde 1970, acadêmicos trazem a abordagem de que precisamos pensar em desenvolvimento sustentável (UN, 2012). E nesse contexto uma das definições de ser sustentável é garantir que as futuras gerações possam existir com qualidade de vida. Essa é uma definição bonita e clara, mas que mantém uma abordagem de crescimento focada na redução de impactos ambientais, mas não na internalização dos custos ambientais dos processos produtivos. Dessa forma, continuamos como um trem sem freio, rumo à destruição. É como ver um Titanic, inabalável, cego de seus próprios pontos falhos, acreditando que não vai afundar.

No entanto, os impactos socioambientais apenas aumentam, afetando em grande maioria as populações mais vulneráveis que, em massa, lidam com condições adversas para poder sobreviver. Como Ailton Krenak (2020) aponta, "70% das populações arrancadas do campo e das florestas, estão nas favelas e periferias, alienadas do mínimo exercício do ser, sem referências que sustentam a sua identidade" devido à expropriação realizada pela entrada do capital.

É a partir dessa compreensão que hoje se diz que a Terra já passou do ponto de cuidado proposto pelos conceitos de desenvolvimento sustentável. Não há mais tempo para continuarmos desenvolvendo e expandindo. Cabem novos movimentos de regeneração e cuidado, seja da natureza, seja das relações sociais, seja dos indivíduos (WAHL, 2019).

É muito fácil falar ou escrever sobre isso, mas como fazer na prática? Essa é a pergunta que me toca desde pequeno, quando eu abria a torneira de casa e via a água passando e não entendia exatamente por que algumas pessoas deixavam-na aberta, sem cuidar daquele ser precioso que passava ali. Mas esse é um papo mais para frente. Falar sobre a minha relação com a água é falar sobre a minha relação com a vida. E quando tocamos esse ponto em particular, qual a sua relação com a vida e com os meios de produção?

É aqui que eu me perco e me encontro. Pois quando me separo e considero que existem pessoas fazendo mal à Terra, eu desumanizo as próprias condições que sustentam meu viver. Pois eu uso gasolina para me locomover, eu viajo, como, não planto minha comida e dependo de muitos dos serviços que facilmente critico e os métodos produtivos utilizados.

Então talvez não seja sobre o que deve ser feito, mas como podemos mudar as formas de fazer. Nesse sentido, a questão de externalizar os custos sociais e ambientais nos modos produtivos é uma das questões mais complexas, pois juntos, de alguma forma, aprendemos a construir processos produtivos lineares de consumo e descarte, que não valorizam os ciclos de transformação.

No entanto, a Terra nos ensina a cada dia sobre a importância de sua inteligência cíclica. Já dizia Lavoisier: "na natureza nada se cria, nada se perde, tudo se transforma." E nós continuamos insistindo em nos afastar da nossa maior sabedoria que é observar os fluxos da natureza, para atuar junto com ela.

E se a natureza nos ensina a transformar a morte de um ser vivo em nutrientes para seus ciclos, por que não podemos repensar nossas formas de produzir e interagir? Talvez de todos os seres, os que tenhamos mais a aprender são os decompositores, aqueles que conseguem transformar dejetos em nutrientes, morte em vida, no novo.

É nesse caminho que me percebi já compreendendo com o coração certos conceitos teóricos e acadêmicos que vim estudar e aprofundar, seja no campo da engenharia sanitária, seja no campo das terapias holísticas. Integrei esses saberes ao longo de minha vida e, hoje, eles compõem um arcabouço teórico, que justifica muito da minha atuação no mundo.

> **E se a natureza nos ensina a transformar a morte de um ser vivo em nutrientes para seus ciclos, por que não podemos repensar nossas formas de produzir e interagir? Talvez de todos os seres, os que tenhamos mais a aprender são os decompositores, aqueles que conseguem transformar dejetos em nutrientes, morte em vida, no novo.**

Um deles é a Economia Circular (EC), que vem da compreensão de que precisamos olhar os processos produtivos de outra forma e substituir nossa visão linear por processos circulares, de aproveitamento de recursos e de integração dos resíduos como parte do processo produtivo (ELLEN MACARTHUR FOUNDATION, 2015; DUPIM, 2019).

Quando estamos falando da Economia Circular (ELLEN MACARTHUR FOUNDATION, 2015), o que se tem como foco é exatamente restabelecer o papel dos decompositores nos nossos processos produtivos de desenvolvimento.

Assim, ao incluirmos essa parte tão importante, podemos nos reconectar com o que a natureza nos ensina sobre nutrição, regeneração e cooperação.

Nesse contexto, as **soluções baseadas na natureza** (SBN) apontam para o aprendizado com os ciclos naturais, para restabelecermos processos de regeneração, fechando nossos ciclos produtivos e garantindo que os custos sociais e ambientais sejam incluídos e cuidados ao longo de cada processo (WWR, 2018).

E enquanto muito tem se trabalhado nesse caminho, seja no campo da economia circular (ELLEN MACARTHUR FOUNDATION, 2015), da permacultura (MOLLISON; SLAY, 1994), do saneamento ecológico (HU et al., 2016; WERNER, 2008; NICOLAO, 2017), e das SBN (WWR, 2018), ainda percebo a dificuldade de repensar, inclusive as formas de atuação. Se pudermos aprender a fazer isso, de uma maneira prática e teórica, podemos mudar muito do nosso conviver no mundo, ou seja, do viver junto.

> Vejo muitas pessoas dentro de suas caixinhas, criticando que os outros não fazem como deveria ser feito. Mas enquanto continuamos apontando as dificuldades ao invés de construirmos pontes, estamos escolhendo nos afastar da nossa humanidade e assim de um real encontro para repensar soluções.

Nesse ponto percebo um outro conflito que são as formas de agir que aprendemos, dissociando teoria da prática e pensando dentro de caixinhas, e não interdisciplinarmente. Caixinha é um eufemismo para apontar a realidade de continuarmos agindo de forma fragmentada, da mesma maneira e esperando resultados diferentes.

Vejo muitas pessoas dentro de suas caixinhas, criticando que os outros não fazem como deveria ser feito. Mas enquanto continuamos apontando as dificuldades ao invés de construirmos pontes, estamos escolhendo nos afastar da nossa humanidade e assim de um real encontro para repensar soluções.

Quando coloco essa reflexão, aponto uma abordagem hegemônica de pensamento que aprendemos no mundo ocidental e que se reflete na maioria dos segmentos, que contemplam apenas a sua visão para a resolução de um problema. Contudo, os problemas são sistêmicos e precisam ser abordados de várias formas, para realmente ter soluções diferentes das que já concebemos, independente de qual seja a questão.

E a partir dessa reflexão que, para mim, é imprescindível pensar numa "ecologia de saberes" (SANTOS, 2007), que efetivamente valorize tanto saberes acadêmicos quanto tradicionais, locais e, especialmente, valorize os saberes da sociedade civil e dos seres humanos mais vulneráveis, que passam pelas reais dificuldades.

Nesse sentido, cada vez mais tenho caminhado entre teoria e prática, entre os diversos conhecimentos, compreendendo que muitas vezes as resoluções se dão na inteligência coletiva e na comunicação. No entanto, como fazer essa comunicação acontecer?

O primeiro passo é entender que podemos nos comunicar com tudo. São com os indígenas que podemos aprender que no animismo apresentam a possibilidade de nos comunicarmos com os elementos. Então se podemos nos comunicar com qualquer coisa, para atuar com SBN, precisamos VOLTAR a nos comunicar com a natureza em si. Ainda, para atuar com desenvolvimento local e com pessoas de certa comunidade, precisamos aprender com essas pessoas sobre seus viveres e juntos construirmos soluções reais.

Pois enquanto as respostas são pensadas de cima pra baixo, sem realmente conhecer as conjunturas e necessidades, são construídas respostas hegemônicas, que muitas vezes não se encaixam nos contextos locais, sociais e culturais.

É como em um momento específico eu querer forçar uma pessoa a perceber sua realidade a partir do meu ponto de vista, sem dar o tempo e as informações necessárias para que ela, por si só, possa ter reflexões sobre si mesma e seu contexto. Assim precisamos fortemente humanizar nossas relações e nossas formas de atuação para construir novas ações de regeneração.

Essa reflexão partiu de muitos aprendizados de uma vida de trocas, no campo da engenharia, da pesquisa, das facilitações e cursos que tenho dado e dos meus atendimentos terapêuticos, ao compreender a dificuldade de olharmos para o que não valorizamos.

Então, cabe ressaltar a importância das pontes, de pessoas e projetos que possam integrar conceitos e saberes. Vejo muitas práticas, com pessoas trabalhando em projetos sociais incríveis, mas que não têm visibilidade, e que poderiam disseminar novas ideias e pesquisas acadêmicas. Também percebo muitos teóricos, desenvolvendo ótimas teorias sem efetivamente dialogar com o ambiente, com a realidade e com o que está realmente emergindo naquele tecido social. Assim, pesquisas são construídas para atender às expectativas do capital, mas que não atendem efetivamente as necessidades reais da sociedade (LIANZA; ADDOR, 2005). Sinto um hiato entre a teoria e a prática: muitas pessoas na prática, se afastando da teoria e da construção de novas formas de saber, e muitas pessoas na teoria, sem incluir ou estudar as novas práticas.

Contudo, há pessoas unindo saberes, fazendo pesquisa e ação conjuntamente, atuando interdisciplinarmente e intersetorialmente, construindo novos paradigmas. Pois é quando sabemos que não temos todas as respostas é que estamos aptos a construir melhores perguntas a serem respondidas na intersecção entre esses saberes. Esse cenário é complexo, mas se essa forma de sentir e interagir lhe cativa, faço um convite para você se aproximar do Núcleo Interdisciplinar para o Desenvolvimento Social (NIDES) e nossas linhas de atuação. Em nosso Núcleo temos atuado conectando extensão, ensino e pesquisa, compreendendo que teoria e prática devem caminhar lado a lado, para fomentarmos novos caminhos de uma engenharia engajada (KLEBA, 2017) e de participação social. Lá pude encontrar amigos que falavam a minha língua e que, como eu, estão buscando se desconstruir a cada momento, mesmo sabendo o quanto isso é desafiador e uma escolha diária.

No NIDES, compartilhamos o entendimento de que precisamos valorizar todos os saberes. Como Boaventura de Sousa Santos traz em uma visão pós-colonialista: precisamos valorizar os saberes do Sul Global. É a partir desse não-lugar entre teoria e prática que podemos construir uma constelação de saberes e integrar tanto teoria quanto prática, tanto tecnologia como humanidade, e compreender que visões divergentes são complementares e não precisam conflitar, e sim, trabalhar juntas.

É baseado nessa perspectiva de integração que esse livro traz uma releitura da minha tese de doutorado, não só apontando o que aprendi na pesquisa, mas também trazendo outras abordagens de cooperação para a atuação coletiva. Assim, se você quiser ler a minha visão acadêmica sobre o que eu estudei, recomendo a minha tese: *Saneamento ecológico: uma abordagem integral de pesquisa-ação aplicada na Comunidade Caiçara da Praia do Sono* (MACHADO, 2019). Se quiser aprender a construir SBN na prática, recomendo ler o guia: *Caminhos e cuidados com as águas - Faça você mesmo o seu tanque de evapotranspiração* (MACHADO et al., 2019) e colocar a mão na massa. Mas se quiser repensar caminhos e a sua forma de se comunicar com natureza e as pessoas para juntos nos desenvolvermos, seja bem-vindo.

E para começar a refletir a cada passo, vamos juntos responder umas perguntas:

1. Hoje você se identifica mais com a prática ou com a teoria? O que chama a sua atenção? Convido você a fazer este exercício de reflexão sobre seus últimos projetos.
2. Você se conectava mais com o que tinha que ser feito e nos resultados que queria alcançar?
3. Ou você procurava compreender o processo e o que aprendeu no caminho?
4. Como você poderia integrar os dois caminhos e focar tanto na ação quanto na reflexão? O que você precisaria mudar dentro de si e das suas relações para poder fazer diferente?

Uma sugestão: permita-se ficar nessa pergunta por um tempo antes de dormir e, assim, se abrir para novos canais de escuta, sejam eles internos, externos ou relacionais.

Sinta-se livre para refletir junto comigo em sua trajetória de atuação, em como podemos valorizar as SBN no nosso dia a dia e cuidar das relações, compreendendo que tanto natureza quanto os seres humanos precisam ser incluídos nessa dinâmica.

1.1 Apresentação do autor

Eu podia falar que sou engenheiro químico, mas quem me conhece deve me considerar mais de humanas que qualquer outra coisa. Desde a graduação na Engenharia Química senti a necessidade de abordar os processos a partir de outros ângulos, estagiando pelas áreas de Recursos Humanos e Meio Ambiente. Compreender a engenharia além da visão tecnocrata sempre foi crucial em meu desenvolvimento, pois sempre entendi que a tecnologia deveria estar a serviço do ser humano. Em minha trajetória, atuei na gestão e no estudo de tratamento de efluentes, resíduos químicos e radioativos. Desde minha atuação na Fundação Oswaldo Cruz (Fiocruz), na qual atuei na gestão de resíduos químicos, com reciclagem, percebi empiricamente o quanto era importante focar nas pessoas para promover mudanças efetivas na cultura individual e coletiva com relação ao cuidado com a natureza. No entanto, não tinha as ferramentas adequadas para fazer as reflexões relevantes nesse sentido. Em minha pós-graduação e mestrado, focadas na área ambiental, segui percebendo a importância de substituir uma abordagem tecnocrata para humanizar as intervenções de tecnologia e educação. Em muitas das minhas ações de capacitação, percebia na fala das pessoas a dificuldade em cuidar do seu entorno e do ambiente, pois elas mesmas não conseguiam cuidar de suas relações e necessidades pessoais.

Em 2011, após realizar a formação no curso de Design em Sustentabilidade (Gaia Education) pude redescobrir a sustentabilidade dentro e fora de mim, não apenas focando em ações técnicas e ambientais, mas levando em consideração os âmbitos social, econômico, cultural, espiritual e, principalmente, individual. Nesse curso conheci a permacultura, o saneamento ecológico, metodologias colaborativas como o Dragon Dreaming, terapias energéticas como o alinhamento energético, e compreendi a partir da prática que poderia haver outras formas de cuidado, da natureza e do ser humano, mais integradas às práticas sociais de cada localidade.

Esse foi um divisor de águas. Comecei um aprofundamento como engenheiro no campo do saneamento ecológico, me tornando permacultor, mas também uma formação e atuação no campo das terapias holísticas, passando a atender pessoas e lidar com suas sombras, com base em *reiki*, alinhamento energético, constelações sistêmicas e constelações sistêmicas fluviais.

Nessa trajetória, de 2011 a 2018, me tornei facilitador e professor do método de criação colaborativa de projetos Dragon Dreaming, de *reiki*, de alinhamento energético, e do Gaia Education, trazendo essas formas de cuidado, não só para minha atuação como terapeuta, mas também integrando nos meus projetos de pesquisa e sociais.

Hoje, depois de uma formação profissional que passou pela graduação formal, por mestrado, doutorado, mas principalmente por uma atuação em extensão conjunta com as comunidades tradicionais, em atendimentos individuais, facilitações em organizações, percebo que minha maior formação foi na extensão, junto com as pessoas, localmente, ouvindo suas realidades e agindo, a partir daí, de uma visão integral e principalmente humana.

Fundamentado em todas as experiências vividas, tenho percebido a importância da integração dos olhares, para cuidarmos do que é importante em cada dinâmica, seja ela de tecnologia, de questões emocionais, organizacionais ou sociais.

Sobre a minha experiência e esse livro:

Após a finalização de meu projeto de mestrado em 2013, regressei à Fiocruz como pesquisador na área de Políticas Públicas e Promoção da Saúde. Nessa área passei a atuar em um projeto, no Observatório de Territórios Sustentáveis e Saudáveis da Bocaina (OTSS). Uma cooperação entre a Fiocruz, a Funasa e o Fórum das Comunidades Tradicionais de Angra dos Reis, Paraty e Ubatuba (FCT), com proposta disruptiva, que realiza o planejamento estratégico de forma participativa para definir as formas de atuação a partir das necessidades do próprio território. Compreender que poderia haver outras formas de pesquisa e ação me desconstruiu e compreendi que era necessário aprofundar meus conceitos para poder sistematizar a experiência que não era apenas teórica, mas prática.

Um grande diferencial foi adentrar uma pesquisa-ação por demanda que veio da própria comunidade, pois realmente construir soluções de forma participativa e horizontal sempre fez parte da minha busca pessoal. Atuando no território, neste projeto na função de Coordenador de Saneamento, percebi dentro e fora de mim uma dificuldade para integrar conhecimentos e a necessidade do desenvolvimento de uma visão sistêmica nos limiares de saberes, principalmente técnicos e sociais.

Nesse sentido, meu doutorado no EICOS, no campo da Psicossociologia de Comunidades e Ecologia Social, pude integrar essa experiência, a partir da minha própria desconstrução pessoal para mudar a perspectiva tecnocrata, baseado em um estudo qualitativo, humano e transdisciplinar, conjugando os diversos pontos de vista e correlacionando Saneamento Ecológico, Permacultura, Educação Ambiental, Ecologia de Saberes, Reflexão Crítica, Pesquisa-Ação e Justiça Ambiental.

Ao longo de minha trajetória, em cinco anos de atuação em comunidade e quatro anos de estudo qualitativo, além dos atendimentos terapêuticos e das facilitações, pude compreender que o sujeito não está separado do objeto e é crucial alterarmos nossa visão ao atuar em territórios. Entendi com a prática que o conhecimento não é individual, mas coletivo. Como Freire (2016) e Morin (2004) abordam, o ator é coletivo e os saberes fortalecem todos os envolvidos. Neste sentido, percebo o quanto tive de desconstruir meu olhar cartesiano de pesquisador interventor, para estabelecer uma nova abordagem de facilitador atento, que investiga e desenvolve junto, valorizando os diversos saberes, a cada diálogo e a cada troca.

Mudar essa lente é um novo aprendizado que direciona minhas contribuições acadêmicas. Por estar embasado em muitos acadêmicos no campo da pesquisa-ação, hoje sinto a necessidade de uma abordagem inter e transdisciplinar, a qual integre e valorize saberes e, principalmente, dê lugar ao subjetivo que emerge nas trocas humanas. Nesse sentido, cada capítulo desse livro foi construído a partir das trocas, dos atores e das experiências. Espero cada vez mais contribuir no campo da transdisciplinaridade, que é onde a academia pode encontrar um território real, local e gerar ganhos acadêmicos, e também sociais e individuais.

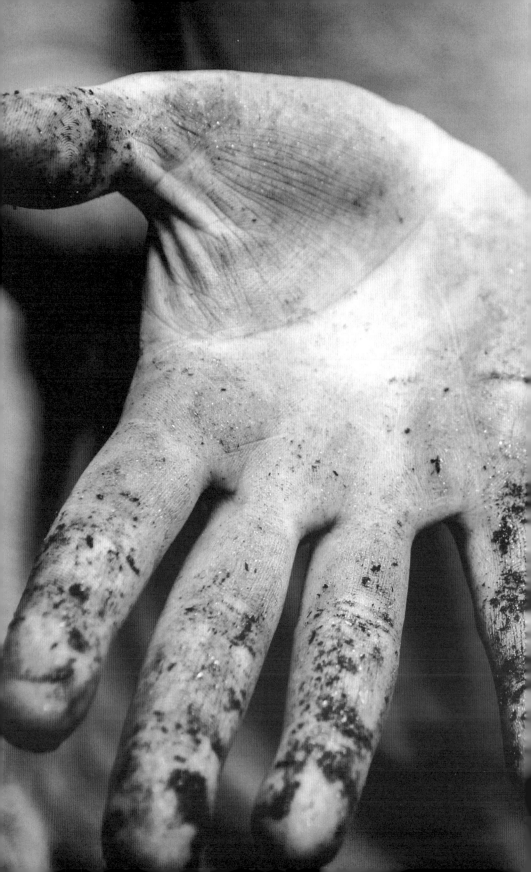

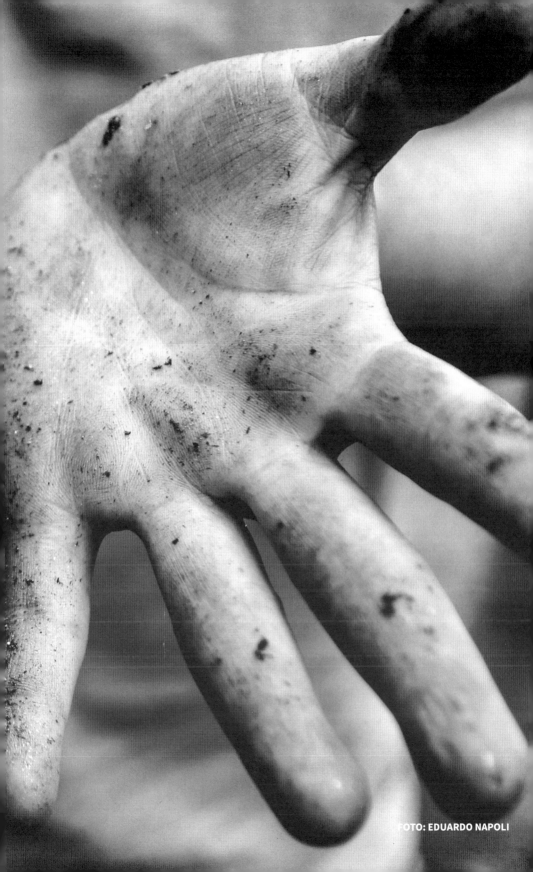

FOTO: EDUARDO NAPOLI

2.

A COMUNICAÇÃO COM A NATUREZA

> "Ouve o barulho do rio, meu filho
> Deixa esse som te embalar
> As folhas que caem no rio, meu filho
> Terminam nas águas do mar
> Quando amanhã por acaso faltar
> Uma alegria no seu coração
> Lembra do som dessas águas de lá
> Faz desse rio a sua oração"
>
> Marisa Monte - O Rio

A natureza tem um saber que vem de milhões de anos de aprendizado. Esse saber acumulado está disponível o tempo todo e ela fala conosco de inúmeras formas o que precisa. Por meio do silêncio podemos aprender a rever os ritmos da vida, para aquietar nossa mente e observar. Logo, com uma abordagem de contemplação, podemos mudar nossa relação com a natureza.

É a partir dos desequilíbrios planetários em si e das consequências de nossas ações que recebemos o *feedback* da natureza, continuamente tentando nos mostrar que precisamos mudar essa relação para restabelecer um equilíbrio. Seja pelas enchentes, pelas mudanças climáticas, pelos eventos naturais, há quem diga que são formas da natureza tentar chamar nossa atenção para como estamos cuidando de nossa casa, Gaia, e por conseguinte de nós mesmos. É o momento de fazer diferente, pois há tempos a natureza é tratada como um mero recurso e hoje recebemos o impacto direto dessas ações.

Com base nesse ponto de vista, cabe compreender como esse cenário de desequilíbrio se amplificou desde a década de 1970, se tornando um grande debate a questão de como a ação antrópica tem aumentado os desequilíbrios do ser humano com a natureza, assim provocando múltiplos efeitos, como as mudanças climáticas, que afligem toda a população de seres vivos da Terra e nos lembram a importância de repensarmos a sustentabilidade dos recursos.

No entanto, a própria construção filosófica das questões ambientais se pauta na tecnologia e no ser humano de forma generalista, o que nos distancia das reais questões que tratam dos nossos padrões de produção e consumo, com desigualdades na distribuição dos recursos e das riquezas.

Como Loureiro (2012) aborda, para repensarmos a sustentabilidade, não faz sentido afirmar que a transformação da natureza é um problema, mas sim que os modos específicos de produção levam a transformações insustentáveis sob o prisma social e ecológico. Assim, o modo hegemônico e capitalista promove uma sustentabilidade da riqueza em muitos territórios, contudo, mundialmente, a consequência é a externalização dos custos sociais e ambientais, promovendo nos demais locais uma sustentabilidade da pobreza e, consequentemente, uma insustentabilidade global, ambiental e social.

Essa dinâmica pode ser visualizada em escala macro, mundial, mas também em um panorama micro, territorial. Assim, cabe revermos as formas de abordar a sustentabilidade por uma ecologia política, que propicie um olhar sobre os agentes sociais e como os mesmos disputam e compartilham os recursos naturais e como essas relações se estabelecem. Ao vislumbrar essa dinâmica, deve-se extrapolar a questão ambiental para abordar a sustentabilidade em um panorama que contemple as questões sociais, econômicas e culturais, no mesmo patamar de importância. Como aborda Loureiro (2012):

> Na ecologia política, não se fala na existência de populações sem considerar uma territorialidade estabelecida. Ou seja, antes se pensava na atividade econômica de um grupo e sua viabilidade social. Agora, isso precisa ser situado em qual ecossistema, os limites disso e em qual território (2012, p. 29).

Dessa forma, ao abordar práticas sustentáveis e o próprio conceito de sustentabilidade, devemos repensar nossa interação com a natureza, a partir da percepção de nossa interdependência e de que não estamos separados da mesma e uns dos outros (MOSCOVICI, 2011).

No entanto, ainda há uma visão cartesiana arraigada de nos percebermos separados da natureza, em um paradigma linear de produção, de consumo e descarte, em que interagimos com a natureza por um viés de recurso ambiental a ser utilizado e não como parte de nós a ser cuidada. Quando passamos a quantificar e qualificar os recursos naturais, estabelecemos uma relação de coisificar a natureza e transformá-la num objeto, que a princípio pode e deve ser manipulado pelos seres humanos. Assim, passamos a estabelecer uma relação de **poder sobre** a natureza, ao invés de compreender uma relação de **poder com** a natureza.

Contudo, a vida está conectada e interagindo com o meio e com os demais organismos a nossa volta. A Terra está em constante homeostase e aprende junto com os nossos avanços, a cada interação. As ideias originadas na Teoria de Gaia nos colocam em nossos devidos lugares, como parte do sistema e não como seus proprietários (LOVELOCK, 2006).

Estamos completamente conectados com a Terra e seus fluxos, pois precisamos nos alimentar, nos banhar e respirar. Dessa forma, estamos constantemente integrados com o ambiente e seus seres, a partir de uma teia interminável de interações, que reverberam localmente, mas chegam em um nível sistêmico global, constituindo uma teia ecológica que permite e sustenta a vida (CAPRA, 1996).

Essa visão, em si, traz uma desconstrução necessária, na qual a natureza não é um objeto a ser estudado, utilizado e controlado, mas um elemento vivo, natural, a ser contemplado, apreciado sistemicamente, para que possamos interagir de forma colaborativa, para nos desenvolvermos e aprendermos juntos.

Lovelock (2006) aponta exatamente a importância de compreendermos o plano interligado, baseado em uma visão de interdependência contínua, na qual nós, seres humanos, temos tantos direitos quanto todos os outros ao Bem Viver[1]. Assim, os sistemas naturais são cíclicos e caso sua estabilidade se altere, mesmo que entrem em desequilíbrio, encontram maneiras naturais de retornar ao seu equilíbrio a partir da homeostase (CAPRA, 2006).

Caso continuemos descartando nossos resíduos, muitas vezes não biodegradáveis, na natureza, ela sabe responder e se reinventar, contudo, são os seres vivos, inclusive os humanos, que são diretamente e indiretamente impactados pelas consequências dos meios de produção e consumo.

É com essa compreensão que os estudos da natureza vêm evoluindo ao longo dos séculos, partindo de visões analíticas fragmentadas e cartesianas para abordagens ecológicas, holísticas, inclusivas e atualmente sistêmicas, na qual a Terra passa a ser considerada como um organismo vivo e nós como apenas uma parte do todo.

---

1 Bem Viver é uma cosmovisão que compreende a natureza não como um objeto, mas como um ser vivo, com o ser humano integrado a ele. É uma concepção de vida proveniente dos povos indígenas andinos, com base em valores comunitários e solidários para a vida em harmonia (MAMANI, 2010).

Essa visão, em si, traz uma desconstrução necessária, na qual a natureza não é um objeto a ser estudado, utilizado e controlado, mas um elemento vivo, natural, a ser contemplado, apreciado sistemicamente, para que possamos interagir de forma colaborativa, para nos desenvolvermos e aprendermos juntos.

Bebendo um pouco da visão dos biólogos, podemos pensar nas formas de interação associativas, na qual dois seres se beneficiam e nas "parasitárias", na qual um ser se alimenta à custa de outra espécie, chamada de hospedeira, causando-lhe prejuízos. Se pararmos para refletir, ao nos apropriarmos da Terra como nossa, passamos a estabelecer relações "parasitárias" com todos os outros seres vivos, inclusive as populações humanas mais vulneráveis, que passam a ser subjugadas, coisificadas e vivem em condições sub-humanas.

Dessa maneira, precisamos construir novas formas de interação, associativas, colaborativas, apreciativas e inclusivas, com a natureza e os seres vivos. E se precisamos aprender a estabelecer relações associativas, um dos pontos primordiais é aprender a se comunicar e a ouvir a natureza de uma forma mais profunda.

Nesse caminho, muitas linhas teóricas e práticas têm trazido a importância de aprendermos, copiarmos e adaptarmos os ciclos da natureza, para mudarmos essa forma de relação, como: a permacultura, a biomimética, a economia circular, as Soluções Baseadas na Natureza (SBN) e o saneamento ecológico. Todas essas linhas de ação estão de alguma forma colocando a natureza em um novo patamar de importância com o ser humano, associativo, para, assim, passarmos a reintegrar os fluxos naturais ao nosso viver.

A biomimética, por exemplo, é uma abordagem de design que propõe o aprendizado e a integração com a natureza, inspirado nos sistemas biológicos como referência para solução de problemas, por sua lógica adaptativa e regenerativa. Esta abordagem deu base conceitual à teoria da Economia Circular (BENYUS, 1997).

Assim como os ecossistemas naturais, a economia circular (EC) estrutura-se em ciclos fechados de materiais, utilizando matéria-prima e energia, formando produtos e subprodutos ao longo do sistema, como recursos de fases consecutivas (YUAN et al., 2006), sem desperdício.

A EC controla recursos finitos, equilibrando os fluxos daqueles que são renováveis, otimizando seu rendimento e a efetividade do sistema, mediante a perspectiva do design e intenção. Com uma abordagem holística, a EC concebe uma visão do produto que conecta o início à ponta final da linha de produção, subvertendo os padrões lineares (da economia convencional) de produção, consumo e descarte, por meio de inovações não só no campo tecnológico, mas também organizacional, financeiro e social, sob o viés colaborativo. Desta forma, depreende-se que a EC "é restaurativa e regenerativa por princípio. Seu objetivo é manter produtos, componentes e materiais em seu mais alto nível de utilidade e valor o tempo todo, distinguindo entre ciclos técnicos e biológicos" (ELLEN MACARTHUR FOUNDATION, 2015).

Embora a "popularização" do termo seja atribuída a Fundação Ellen Macarthur, não há consenso quanto à definição de economia circular no meio acadêmico. Segundo Homrich et al. (2018, p. 4-5) existem várias escolas de pensamento e ação de EC. Entre elas, as mais recorrentes são:

- *Cradle-to-cradle* (berço a berço) - Produtos projetados para regenerar o ecossistema (como nutrientes biológicos) ou para regenerar indústrias (como nutrientes, componentes e materiais), em um loop de material 100% fechado.

- *Industrial ecology* (ecologia industrial) - Padrões cíclicos de uso de recursos observados em ecossistemas biológicos são usados como modelo para projetar ecossistemas industriais maduros, cuja produtividade depende menos da extração de recursos e emissão de resíduos.

- *Biomimicry* (Biomimética) - Designers são inspirados diretamente por organismos, processos biológicos e ecossistemas.

- *Laws of ecology* (leis da ecologia) - São quatro: (i) tudo está conectado a tudo o mais, (ii) tudo deve ir a algum lugar, (iii) a natureza sabe melhor e (iv) não existe algo como "almoço grátis".

- *Blue economy* - A necessidade de encontrar uma maneira de atender às necessidades básicas do planeta e de todos os seus habitantes.

- *Regenerative design* (design regenerativo) - Isso significa substituir o atual sistema linear de fluxos de transferência por fluxos cíclicos em fontes, centros de consumo e sumidouros.

- *Permaculture* (permacultura) - É um sistema evolutivo integrado de espécies vegetais e animais perenes ou autoperpetuantes, úteis para o ser humano; é um ecossistema agrícola completo. Na permacultura busca-se estabelecer uma cultura permanente alicerçada no conhecimento dos fluxos da natureza e de se trabalhar junto com ela, para construir soluções agrícolas e de viver em comunidade, a partir dos recursos locais disponíveis.

Mesmo que haja diferentes abordagens que tratam de economia circular, as noções de insumos, reuso e reciclagem de resíduos são uníssonas, o que implica na otimização de redes entre os sistemas produtivos e prolongamento da vida útil do produto, da mesma forma como é feito na natureza. Ainda a exemplo da natureza, há utilização de resíduos como matéria-prima para novos produtos e usos, concebendo uma modelagem de ecoinovação expressa, por exemplo, no conceito de berço a berço (HOMRICH et al., 2018).

Cabe ressaltar que as abordagens de EC estão falando de economia de recursos, sendo que um dos recursos mais escassos em termos de qualidade e disponibilidade atualmente é a água. Assim, a reciclagem e reutilização de águas residuais em contexto de EC podem e devem ser fomentadas por políticas públicas, a fim de contribuir com a aceitabilidade dessa abordagem, coletivamente e individualmente.

O relatório da Organização das Nações Unidas sobre desenvolvimento dos recursos hídricos (ONU, 2018), da Agenda 2030, aponta que cerca de 500 milhões de pessoas residem em áreas onde o consumo de água sobrepõe a oferta de recursos hídricos, o que é agravado pela distribuição heterogênea do acesso a este bem. Assim, muitas pessoas têm escassez de água doce, ficando aquém do limite mínimo necessário. Deste modo, é imprescindível a implementação de ações que ampliem a disponibilidade de água doce no mundo.

Uma alternativa à escassez e também à poluição com a descarga de efluentes em cursos d'água é a reutilização de águas residuárias tratadas, a partir de soluções baseadas na natureza (CONSERVA et al., 2019).

Nesse contexto, de forma alinhada com a EC, as Soluções Baseadas na Natureza (SBN) apresentam uma abordagem diferenciada para atuar com o saneamento, integrando tecnologias que se comunicam com a natureza: "As soluções baseadas na natureza (SBN) fornecem uma abordagem sistêmica para promover a manutenção, o aprimoramento e a restauração da biodiversidade e dos ecossistemas" (WENDLING, 2018).

O conceito de Soluções Baseadas na Natureza (SBN), ou *Nature Based Solutions* (NbS), surgiu no contexto das ciências ambientais, na última década, quando organizações internacionais intentavam formas de suplantar as soluções convencionais da engenharia e atuar com ecossistemas em prol de meios de vida mais sustentáveis. São:

> Ações que buscam proteger, gerenciar e restaurar, de maneira sustentável, os ecossistemas naturais ou modificados, que abordam os desafios da sociedade (como mudança climática, segurança de alimentos e água ou desastres naturais) de forma eficaz e adaptativa, proporcionando, simultaneamente, bem-estar humano e benefícios à biodiversidade (COHEN-SHACHAM et al., 2016, xii. tradução do autor).

As SBN têm como premissa proposições inspiradas em processos da natureza que regulam diferentes elementos do ciclo hídrico, para aperfeiçoar a gestão da água, seja por utilização ou simulação de sua dinâmica natural, numa perspectiva integrada da evaporação, precipitação e absorção da água pelo solo (WWDR, 2018).

Nesta abordagem, ao invés da prática de um sistema linear de extração, distribuição, consumo, coleta, tratamento e descarte da água, o fluxo circular potencializa a produtividade deste recurso (água), reduzindo os riscos ao ambiente, à saúde e os custos de operação, seja numa microescala, como um banheiro seco, ou aplicado em macroescala, como a paisagem (ARY JUNIOR, 2018; WWDR, 2018).

Segundo Cohen-Shacham et. al. (2016), são princípios das SBN: i) a adoção de normas de conservação da natureza; ii) a possibilidade de implementação isolada ou integrada a outras soluções para desafios sociais (como soluções tecnológicas e de engenharia); iii) a designação consoante os recursos naturais e contextos culturais, incluindo os saberes tradicionais locais e científicos; iv) a equidade, justiça, transparência e ampla participação dos benefícios sociais gerados; v) a conservação da diversidade biológica e cultural, bem como da capacidade evolutiva dos ecossistemas; vi) a aplicação na escala de uma paisagem/território; vii) o reconhecimento e a resolução de compensações entre a produção de alguns benefícios econômicos para o desenvolvimento e opções futuras que beneficiem os ecossistemas; viii) a integração em projetos de políticas e medidas ou ações voltadas a um desafio específico.

As SBN pressupõem planejamento e governança sustentáveis e participativos com base em comunidades, integrando a dimensão ecológica e social, entre diferentes tipos de conhecimento e no desenvolvimento de iniciativas para além da intervenção, com perspectiva mais prospectiva e de transição (RAYMOND et al., 2017).

Até porque, conforme exposto no *workshop* de Herzog (2019), as SBN são eficientes e sistêmicas. Mimetizam a natureza a fim de mitigar as alterações climáticas e enfrentar demais desafios da sociedade, a partir de intervenções adaptadas ao contexto local. Isto é, são de base local, mobilizando conhecimentos e tecnologias territorializadas, que aliam a inclusão social (HERZOG; ROZADO, 2019).

Ademais, os benefícios da melhoria dos serviços ecossistêmicos com a implementação de SBN envolvem desde a resiliência local aos impactos das mudanças climáticas, à resiliência econômica pelo uso sustentável dos recursos naturais, contribuindo com a longevidade das ações. Possibilitam ainda a transformação social e melhorias na qualidade de vida, no senso de pertencimento e no tecido social (WENDLING et al., 2018). Afinal:

> Se trabalharmos com a natureza em vez de contra, melhoraria o capital natural e apoiaria uma economia circular competitiva e eficiente no uso de recursos. As SBN podem ser rentáveis e, ao mesmo tempo, fornecer benefícios ambientais, sociais e econômicos. Esses benefícios inter-relacionados, que são a essência do desenvolvimento sustentável, são fundamentais para alcançar a Agenda 2030 (WWDR, 2018, tradução do autor).

Deste modo, as SBN promovem o uso sustentável dos recursos por meio de processos naturais que contribuem com a economia. Bem como a economia circular, estabelecem fluxos cíclicos, a partir de design restaurativo e regenerativo, proporcionando maior produtividade dos recursos e redução dos desperdícios – pela reutilização, em contraposição ao descarte – sendo assim, sustentáveis (WWDR, 2018). Portanto, as SBN estão em consonância com a EC, na medida em que reordenam os processos produtivos pela reutilização de água como um suprimento alternativo deste recurso (VOULVOULIS, 2018).

Ademais, a abrangência da implementação das SBN é ampla. Podem ser aplicadas em escala, micro ou macro, rural ou urbana, de forma adaptada a cada contexto, de forma a contemplar não só a natureza, mas a necessidade e cultura das pessoas da localidade. E, ainda, o rol de iniciativas de SBN é amplo, conforme exemplificado por Herzog e Rozado (2019), contemplando soluções que podem ser aplicadas no contexto de rios, tratamento de efluente, drenagem das águas pluviais, entre outras possibilidades.

Mesmo diante destas alternativas, hoje, convencionalmente, o que fazemos com nossas águas é tratar minimamente os efluentes/resíduos e descartá-los, canalizando rios e enterrando os fluxos hídricos muitas vezes. O que a SBN traz é a necessidade de revermos nossa relação com as águas e passarmos a trazer os rios e suas nascentes para dentro das cidades, ou seja, trazer esse elemento tão necessário à vida de volta para o nosso convívio, que por muito tempo foi colocado para debaixo do solo.

É exatamente a partir dessa abordagem que o saneamento ecológico, que fecha os ciclos de 'nutrientes e água' das águas residuais para que se olhe para o resíduo como um produto, se alinha com conceitos e linhas de pensamento, tanto da permacultura quanto da SBN. Essa forma de lidar com a tecnologia em parceria com a natureza aponta a relevância de repensar uma ecologia ambiental, de reconexão e escuta, para atuar em cooperação com a natureza, que será mais explorada no próximo capítulo.

Deste modo, pela perspectiva biomimética, as soluções sociotécnicas contemplam os aspectos éticos ambientais, proposições territorializadas, interdisciplinares e colaborativas (DUPIM, 2019). Desta forma, esses conceitos e linhas de ação convergem para a relevância de atuar em cooperação com a natureza, utilizando tecnologias aderentes tanto aos seres humanos quanto a ela.

A partir desse prisma, cabe a compreensão de que tão importante quanto focar no desenvolvimento de novas tecnologias é estruturar formas de interação pautadas na inclusão e na construção de programas e políticas que promovam a reaplicação das tecnologias já desenvolvidas de forma territorializada, não de cima para baixo, mas respeitando todos os saberes.

Pois, se compreendermos a relevância de ouvir e se comunicar com a natureza para estabelecer novas relações associativas e colaborativas, devemos tomar o mesmo tipo de atitude com os seres humanos que vão receber as intervenções desenvolvidas. Assim, para pensar em desenvolvimento local precisamos considerar tanto o contexto das pessoas em vulnerabilidade – contexto social –, quanto o contexto da natureza em si – contexto ambiental –, intrínsecos e interligados.

Nesse cenário, o conceito de "justiça ambiental" ultimamente vem ganhando força por priorizar as condições de vida e o protagonismo das populações marginalizadas. Ela destaca a importância da autonomia, sustentabilidade e equidade no atendimento das necessidades das comunidades nativas e povos (RBJA, 2010).

A ideia, portanto, mais do que apontar em direção a um resultado específico, é capacitar as pessoas e produzir autonomia, equidade e sustentabilidade, especialmente para populações excluídas e/ou vulneráveis.

Corroborando com as SBN, o desenvolvimento local, a partir da ecologia política, deve apresentar um olhar transversal para compor as diversas ações e projetos, considerando uma abordagem complexa e sistêmica, que promova efetivamente uma sustentabilidade integral, que cuide da natureza e também das relações sociais, a partir de uma visão do meio ambiente que considere o ser humano integrado à natureza e ao seu meio, restaurando e regenerando.

Dessa forma, para que as intervenções realmente sejam efetivas, uma nova abordagem que inclua o território[2] e seus indivíduos é extremamente importante (GUATTARI, 1990). Logo, é importante utilizar metodologias inclusivas que apontem ações de parceria entre os diversos atores para construir soluções baseadas na natureza (SBN) adaptadas ao contexto local.

A partir daí é importante trabalhar projetos que sejam implementados em territórios para que, baseado em uma abordagem inclusiva e de pesquisa, possam ser criadas modelagens a serem reaplicadas em outros locais, sempre considerando as questões socioculturais.

Esse enquadramento demonstra a necessidade de incluir os indivíduos no processo, alicerçado em um olhar transdisciplinar, extrapolando o conceito da tecnologia para uma abordagem que coloque o ser humano e a natureza no mesmo lugar, tendo as populações vulneráveis não como meros receptores de qualquer programa ou ação, mas como coautores da sua própria história, a partir da luta e da construção de seus direitos (FREIRE, 2016).

---

2 Compreende-se território como lugar de resistência e trocas. Para além dos sistemas naturais e usos produtivos, contempla a relação entre a localidade e a identidade social daqueles que a habitam e sentem-se pertencentes (SANTOS, 1999)

Esse livro aponta caminhos e possibilidades de reflexão para aprofundar essa comunicação com a natureza e com as pessoas e seus territórios, para, assim, a tecnologia servir tanto ao ser humano quanto à natureza.

Nesse contexto, conjugando a visão de caminhos com a abordagem de Capra e Lovelock, Arne Naess, filósofo e ambientalista, cunhou o conceito filosófico da Ecologia Profunda (*Deep Ecology*), que considera que todos os elementos da natureza devem ser respeitados. Esse termo surgiu em 1972, assim como outras linhas apresentadas aqui, com a publicação do artigo *"The shallow and the deep, long range ecology movement"*.

Com a separação das correntes ambientais em rasas ou profundas, Naess aponta que a ecologia profunda deve ir na raiz dos problemas ambientais, a partir da mesma visão de Capra de que somos seres interdependentes. Para isso, em seu texto *"Basic principles of deep ecology"* (1984) são apresentados os oito princípios da plataforma da Ecologia Profunda que podem orientar essa nova relação de aprendizagem, sendo eles (NAESS; SESSIONS, 1984):

1. O bem-estar e o florescimento da vida humana e da não-humana sobre a Terra têm valor em si próprios (valor intrínseco, valor inerente).

2. A riqueza e a diversidade das formas de vida contribuem para a realização desses valores e são valores em si mesmos.

3. Os seres humanos não têm nenhum direito de reduzir essa riqueza e diversidade, exceto para satisfazer necessidades humanas vitais.

4. A prosperidade da vida humana e das suas culturas é compatível com um substancial decrescimento da população humana. O florescimento da vida não-humana exige essa diminuição.

5. A atual interferência humana no mundo não-humano é excessiva e a situação está piorando aceleradamente.

6. Em conformidade com os princípios anteriores, as políticas precisam ser mudadas. As mudanças políticas afetam as estruturas básicas da economia, da tecnologia e da ideologia. A situação que resultará desta alteração será profundamente diferente da atual.

7. A mudança ideológica ocorrerá, sobretudo, no apreciar da qualidade de vida (manter-se em situações de valor intrínseco),

em vez da adesão a padrões de vida mais elevados. Haverá uma consciência profunda da diferença entre o grande (quantidade) e o importante (qualidade).

8. Aqueles que subscrevem os princípios precedentes têm a obrigação de tentar implementar, direta ou indiretamente, as mudanças necessárias.

Com o princípio 7, Naess desenvolveu, na abordagem de ecologia profunda, inúmeros exercícios e propostas para ampliarmos os canais de escuta e reconexão com a natureza. Essa filosofia foi ampliada por Joanna Macy (2004), que expandiu a abordagem para propor caminhos de reconectar a escuta do ser humano para com a natureza a partir do "Trabalho que Reconecta".

Então lhe convido a ampliar seus sentidos para podermos ouvir as águas e a natureza, levando em consideração outras abordagens, que se conectam com a ecologia profunda, a partir da comunicação e dos exercícios propostos ao longo desse livro.

Esse definitivamente não é um caminho óbvio e nem simples. Mas toda mudança de paradigma traz inicialmente um estranhamento em si. Convido você a atravessar esse caminho diferente de compreender a natureza a partir de outras perspectivas, como uma parte de nós mesmos.

Como ampliar nosso canal de comunicação?

Mas como ouvir a natureza de uma outra forma? Você já parou para pensar sobre isso? Quando você vai na praia, na cachoeira, numa floresta, ou coloca seus pés no mato, você se sente de uma forma diferente do que no centro de uma área urbana?

E se para ouvir a natureza for mais relevante sentir e contemplar do que pensar sobre como fazer isso? Tanto os aborígenes da Austrália quanto os indígenas do Brasil, e os povos originários, explicam que uma das ferramentas mais importantes é simplesmente parar e amplificar nosso canal de escuta, utilizando todos os nossos sentidos.

Inclusive há um exercício no método colaborativo Dragon Dreaming, que será apresentado mais à frente, denominado pinakarri[3]. Essa técnica, inspirada nos aborígenes, significa escuta profunda, ou orelha em pé, e consiste em parar, fechar os olhos, sentir sua presença e respiração, o contato dos seus pés com o chão, sabendo que você está constantemente conectado com a Terra. A partir de instantes de silêncio, podemos esvaziar nossa mente e trazer a energia para outros sentidos, para que possamos escutar de uma forma mais profunda a nós mesmos, a natureza, e o próximo, seja ele qual for. "O objetivo é exatamente gerar maior concentração e abertura para ouvir o outro." (SOUZA; MENEZES; DIAS, 2015, p. 58).

Da próxima vez que estiver na natureza, se permita praticar esse exercício. Simplesmente feche os olhos e sinta sua presença naquele instante, preste atenção a sua respiração e pare para contemplar a natureza e o que sente considerando os impulsos que acontecem. O que te chama atenção naquela paisagem e naquele meio? Se permita contemplar.

É a partir daí que podemos ampliar canais de escuta, pois mais importante do que dominar todas as técnicas e tecnologias, precisamos parar para escutar a natureza, utilizando uma escuta profunda. Nesse caminho, indígenas do Brasil, aborígenes da Austrália, ancestrais em todos os lugares do globo, resistem em seus territórios, e apontam a relevância de estarmos em comunhão com a Terra. São nossos ancestrais que apontam a relevância de ouvirmos a dor da Terra como nossa para compreendermos como podemos mudar essa relação. Por não serem acadêmicas, muitas vezes as maiores sabedorias compartilhadas são desvalorizadas. Contudo, alguns passam a ganhar espaço e serem ouvidos como Ailton Krenak:

> Fomos, durante muito tempo, embalados com a história de que somos a humanidade e nos alienando desse organismo de que somos parte, a Terra, e passamos a pensar que ele é uma coisa e nós, outra: a Terra e a humanidade. Eu não percebo onde tem alguma coisa que não seja natureza. Tudo é natureza. O cosmos é natureza. Tudo em que eu consigo pensar é natureza (KRENAK, 2020).

---

3 Se quiser saber mais sobre esse exercício, ele está descrito no minilivro gratuito *on-line* do Dragon Dreaming (DRAGON DREAMING, 2014).

Somos natureza.

É inspirado no olhar do Krenak que eu lhe convido a rever alguns conceitos comigo. Não digo que é fácil, pois eu, que ensino e escrevo sobre isso, muitas vezes me vejo e me percebo tanto separado da natureza quanto dos outros. É um exercício constante de me religar e relembrar que estou relacionado com cada parte sistêmica que entra em contato comigo, seja ela humana, animal, vegetal ou, ainda, outras.

Conectado com a fala de Krenak, a partir de 1970 e 1980, houve um movimento de resgate de muitas culturas ancestrais (indígenas brasileiros, norte-americanos, siberianos, aborígenes australianos, entre outros). Essas culturas trazem em si o xamanismo, que, em sua espinha dorsal, traz a ideia da unidade e de que podemos reconhecer a percepção e utilização da energia. Uma das maiores contribuições do xamanismo poderia ser apontada como um resgate da sensitividade, ou seja, de um sentido mais amplo, para além dos cinco sentidos tangíveis (FORNARI, 2010).

Fomos educados com a ideia de que a consciência é uma prerrogativa de um cérebro humano cheio de neurônios, mas os indígenas sabem, por exemplo, que a consciência está e se expressa em cada pedra, cada animal, em cada planta, em cada ser vivo e em cada dimensão da existência. Só que para conseguirmos nos comunicar com outros reinos e níveis não usamos os cinco sentidos nem a mente racional. Utilizamos o sexto sentido (FORNARI, 2010, p. 15).

Você deve estar se perguntando agora: como assim? É fácil falar sobre isso, mas como sentir isso, sentir assim? Então, para exemplificar, compartilho algumas situações: você já pensou em alguém e logo essa pessoa te mandou uma mensagem ou te ligou? Você já encontrou alguém e mesmo a pessoa te dizendo que ela estava se sentindo bem, você percebeu que essa pessoa estava triste e que precisava fazer mais perguntas para checar o real estado dessa pessoa? Esses são exemplos de que estamos conectados de maneiras que ainda não compreendemos, mas que temos um outro sentido denominado por muitos como "intuição" e que, muitas vezes, se manifesta com as pessoas que já temos maior laço afetivo, como pais ou amigos. E podemos ampliar essa escuta para ouvir a natureza.

É por essa razão que os povos indígenas podem se comunicar com pedras, árvores, animais e outras energias. A essa potencialidade podemos dar o nome de animismo, termo cunhado por Edward Burnett Tylor, em 1871. Esse conceito aponta que todas as coisas, incluindo animais, fenômenos naturais, objetos inanimados e seres humanos, possuem uma alma/consciência que os conecta uns aos outros e que há uma possibilidade de estreitar esse canal de comunicação.

Então, quando temos um problema ou situação a resolver, podemos escolher resolver pelo mental, pelas respostas que já conhecemos, ou podemos abrir nossas sensações para nos comunicarmos e encontrarmos novas respostas. A biomimética consiste em exatamente perceber a natureza e criar novas tecnologias que possam mimetizar os fluxos naturais.

Se permita fazer um exercício. Escolha um problema ou uma questão a ser resolvida e vá para a natureza. Observe a natureza e se pergunte como ela poderia trazer uma solução para essa questão? Mude seu ponto de vista e seu canal de escuta. Veja os recursos disponíveis naquele ambiente e como são utilizados.

Para fazer uma analogia, quando um permacultor está em seu ambiente, ele precisa ouvir aquele habitat para saber como melhorar os fluxos a serviço de todos e do plantio, para gerar alimento e fechar ciclos. Ele passa a, intuitivamente, mapear o ambiente para conhecer os recursos e saber como se posicionar.

Um bom exemplo disso são as galinhas na área rural. Uma permacultora pode observar a galinha e seus dejetos como um vetor de poluição ou compreender esse dejeto como um recurso para outro sistema produtivo, no caso, adubo para plantio. Ao utilizar um galinheiro rotativo na horta, seus dejetos servem como adubo e passam a ter valor agregado. Ou seja, o problema pode virar uma solução. Se permita ir para a natureza com seu problema e procurar novas soluções.

Outro exemplo na natureza é a simbiose, em que um ser vivo se beneficia conjuntamente com outro. A orquídea precisa se vincular a uma árvore para sobreviver sem atrapalhar o seu desenvolvimento, algumas vezes, inclusive, se alimentando dos fungos que atacam a árvore. Às vezes, para uma nova iniciativa surgir, precisamos nos vincular a uma estrutura maior, que já tem recursos disponíveis e que pode apoiar um projeto piloto inicial. Então, podemos aprender de várias formas olhando para a natureza.

E, para começar, vale refletir a cada passo descrito abaixo, dentro de algum habitat inspirador (se permita fazer o exercício inspirado na ecologia profunda):

1. Qual o seu problema e como a natureza poderia te inspirar?

2. Observe uma questão da natureza e como ela consegue se resolver para chegar a um equilíbrio.

3. Quais recursos você tem disponíveis na sua vida para lidar com essa questão?

4. Onde ou com quem você poderia conseguir mais recursos?

Trago essa questão pois, para trabalhar com SBN, precisamos parar para desenvolver efetivamente novos canais de escuta e respeitar os fluxos da natureza. Um bom exemplo são as cidades que canalizaram seus rios, restringindo suas águas a um caminho retilíneo, em que elas perdem sua potência de trocas. Atualmente, também a partir das SBN, há um movimento de restaurar os fluxos dos rios baseado na sua renaturalização, para que possam fazer parte da cidade e do convívio humano. Isso significa ampliar a escuta das águas e do caminho que elas gostariam de seguir. Um bom exemplo de caso é apontado por Herzog e Rosado (2019), no caso 7, de restauração de um rio em Recife.

Está na hora de passarmos a ouvir a natureza para compreender o que cuida dela. E trabalhar com SBN traz a possibilidade de reconhecê-la como um ser vivo, como um elemento, que está em relação com os outros seres vivos. Como Maturana aponta, o que se observa depende do observador (THOMPSON, 2014, p. 63). E quando mudamos a nossa forma de observação, podemos interagir baseados em um novo prisma.

Nesse cenário, a partir do xamanismo e do animismo, podemos compreender os elementos com alma podendo se expressar. Complementando essa abordagem, cabe fazer a correlação que a superfície da Terra é composta de 70% de água e, simultaneamente, nós, seres humanos, somos compostos de 70% de água. Brinco quando dou aula que somos praticamente uma melancia falante. Bateson concordaria comigo em seu silogismo: "A planta morre. Os homens morrem. Os homens são plantas". (THOMPSON, 2014, p. 43).

Fazendo uma retrospectiva, desde as primeiras civilizações, a humanidade e muitos seres vivos tendem a viver perto dos corpos de água, reconhecendo que a água é fonte de vida. Precisamos voltar a reconhecer essa essência para compreender que os processos tecnológicos podem e devem honrar mais o fluxo que a água quer seguir.

Em seu livro, Emoto (2011) apresenta um estudo e comprova que a água absorve as nossas intenções e reage ao que emitimos. Ao congelar a água e examinar seus cristais, a partir de palavras emitidas à água, Emoto mostrou que palavras positivas fazem com que a mesma assuma formatos harmônicos. Já palavras depreciativas geram cristais desarmonizados. Por mais que seus estudos tenham tido muitas críticas, abriram novas portas, como outras pesquisas elaboradas com testes em arroz e sementes germinando, os quais recebem palavras positivas e, outro grupo, negativas (RADIN, 2006; EMOTO, 2004). Os estudos têm comprovado que efetivamente a natureza pode nos ouvir.

Sabendo disso, que energia temos enviado à água e como podemos mudar esse posicionamento? Pare para pensar na importância da água na sua vida. Quais os momentos que você entra em contato com esse elemento e como pode estabelecer um outro tipo de relação com ela? No próximo capítulo, apresento os alicerces para repensarmos como podemos ampliar nossos canais de escuta e ação.

QUILOMBOLA NO RIO CARAPITANGUA
FOTO: EDUARDO NAPOLI

3.

UMA ABORDAGEM INTEGRAL PARA ATUAR COM SOLUÇÕES BASEADAS NA NATUREZA E DESENVOLVIMENTO LOCAL

> "Aqui estou eu com minha voz recebendo a
> luz desse chão
> Sagrado caminho que corre infinito
> Pros braços abertos do mar
> Seus filhos e filhas se banham
> No canto das águas que passam
> Águas que passam renovam os sonhos no leito
> No colo do mar"
>
> Serena Assumpção - Iemanjá

Para atuar em projetos com SBN de desenvolvimento local é necessária uma visão transdisciplinar. Para isso, baseado na convergência das três ecologias de Guattari (1990) e do seu diálogo com teóricos no campo da psicossociologia, desenvolvi uma abordagem integral, que embasa a reflexão e o desenvolvimento de novas atuações, que considerem a natureza e os seres humanos em suas formações sociais e questões subjetivas. A partir dessa abordagem integral, pretendo demonstrar sua aplicação no campo do desenvolvimento local para atuar com SBN com um olhar sistêmico que integra a ecologia ambiental, social e mental (GUATTARI, 1990), principalmente na zona rural, envolvendo indivíduos, os grupos atendidos e sua cultura territorial. No âmbito das políticas públicas ambientais, para estes grupos específicos, uma questão fundamental é atender ao compromisso da mobilização social e da educação ambiental para aplicar ações efetivas e eficientes, na direção de uma participação social inclusiva.

Nesse sentido, iniciativas públicas e privadas de implantação de alternativas exógenas predefinidas e utilizando conhecimentos impostos, sem considerar as experiências e conhecimentos locais, o diálogo com as comunidades atendidas e a sabedoria local, normalmente apresentam resultados insatisfatórios para todos os envolvidos, sejam os promotores ou os beneficiários da ação. Logo, se os processos participativos representam ao mesmo tempo uma necessidade, um desafio e potencialidades no âmbito das ações públicas, é fundamental a reflexão e o estabelecimento de diferentes interpretações para o desenvolvimento de novas abordagens.

Segundo Guattari (1990), há um paradoxo profundo entre o desenvolvimento contínuo de novas tecnologias com potencialidade de resolver os problemas ecológicos e, por outro lado, a incapacidade das forças sociais organizadas e das formações subjetivas constituídas para se apropriarem desses meios em seus territórios com consciência.

Nessa perspectiva, deve-se refletir sobre ações de desenvolvimento local que contemplem uma articulação ético-política, denominada por Guattari (1990) de ecosofia, entre os três registros ecológicos (o da natureza, das relações sociais e o da subjetividade humana).

Assim, a ecosofia é apresentada como um modelo prático e especulativo, ético-político e estético, não sendo uma disciplina, mas sim uma simples e eficaz renovação das antigas formas de concepção do ser humano, da sociedade e do meio ambiente; aborda a nossa compreensão como parte do meio em que vivemos e agimos sobre a problemática ambiental, no processo de inclusão do sujeito no meio ambiente e parte da natureza, para preservação e conscientização ambiental, tendo por base as três ecologias: a do meio ambiente, a das relações sociais e a da subjetividade humana (mental) (GUATTARI, 1990; CAVALCANTE, 2017).

A partir dessa visão, pode-se compreender que o desenvolvimento local deve conjecturar ações que contemplem não só o cuidado com a natureza, mas a conscientização dos atores sociais por meio de uma abordagem integral da natureza, para promoção da saúde, percebendo esses não apenas como receptores, mas como parte integrante e integradora da tecnologia em seus territórios.

Neste sentido, cabe desenvolver uma estratégia que envolva os indivíduos, por meio do estímulo ao questionamento, como abordado por Paulo Freire no campo da educação. Através da práxis, de uma ação-reflexão, ou seja, de uma atuação consciente, os homens e mulheres de cada território podem assumir seu papel de sujeitos e lutar por seus direitos (FREIRE, 1983; 2016).

Guatarri (1990) apresenta, em seu texto "As três ecologias", o processo por meio do qual o olhar cartesiano do mundo dissociou a sabedoria, separando o observador do observado, a natureza do ser humano, a cultura da natureza. A partir deste ponto de vista, cabe difundir estratégias para uma abordagem integral no desenvolvimento local, associando as SBN, alinhadas com mecanismos de interação e diálogo, para o desenvolvimento de projetos que promovam impactos positivos no território abrangido, tecnologicamente, ecologicamente, socialmente, economicamente e individualmente.

Considerando as evidências atuais de desequilíbrio ecológico, mudanças climáticas, desastres ambientais e o aumento das desigualdades sociais, torna-se evidente a insustentabilidade do modo hegemônico de produção e consumo estabelecido (GALLO; SETTI, 2014). Nesse contexto de ruptura e de multiplicação dos antagonismos, urgem as questões ecológicas, as quais demandam uma problematização que se torna transversal às outras linhas de fratura das formas de relacionamento coletivo e demandam o estabelecimento de novos paradigmas, por meio de ações contra-hegemônicas (GUATTARI, 1990).

Neste contexto, o relatório do IPCC, *Mudanças Climáticas 2014: impactos, adaptação e vulnerabilidade,* mostra que grupos de maior vulnerabilidade, como as populações costeiras, comunidades de baixa renda e tradicionais, estão sob maior risco de impactos socioambientais (IPCC, 2014). Neste sentido, o desenvolvimento da agenda 2030, pós-2015 e os Objetivos de Desenvolvimento Sustentável (ODS), destacam a inclusão da sustentabilidade como uma dimensão crítica em todas as áreas do conhecimento e campos de ação (ONU, 2012).

Como definido pela ONU, o saneamento ambiental já é considerado um direito universal, pactuado também no ODS 6, que busca garantir a gestão sustentável da água e saneamento para todos. A importância de garantir esse direito é comprovada por meio de estudos epidemiológicos sobre o saneamento, publicados na literatura especializada, nos quais afirmam-se, com segurança, que intervenções em abastecimento de água e esgotamento sanitário provocam impactos positivos em diversos indicadores de saúde (HELLER, 1997).

No entanto, no Brasil, a dispersão populacional e a dificuldade de acesso em muitas comunidades e assentamentos rurais trazem complexidade ao atendimento deste direito a uma parte da população, a qual já apresenta maior vulnerabilidade.

Ainda na história da Saúde Pública, há relatos sobre as dificuldades de técnicos em saneamento e saúde, em zonas rurais ou bairros periféricos no início do século XX, para conseguir a adesão dos moradores nas diversas construções de instalações sanitárias (PHILIPPI, 2005). Esta situação ocorre geralmente por ações exógenas predeterminadas que não respeitam o contexto local.

Logo, é importante uma reflexão e atuação mais profunda no campo do saneamento e das SBN, por meio de uma abordagem transdisciplinar que contemple os diversos atores envolvidos, promovendo sustentabilidade, equidade e autonomia. Para promover a inclusão, cooperação e otimização dos resultados, é fundamental estabelecer o diálogo e escuta das necessidades dos grupos atendidos, mediante um olhar transpessoal do indivíduo e do coletivo.

Assim, cabe uma reflexão transversal da sustentabilidade das ações de SBN e saneamento que se debruce sobre como poderiam ser esses dispositivos para produção e incorporação de subjetividade, indo no sentido de uma ressingularização individual e/ou coletiva, ao invés da utilização de tecnologias convencionais, hegemônicas, para atender situações, territórios e indivíduos diferentes (GUATTARI, 1990).

Partindo dessa visão, cabe integrar ações estruturais, de implantação efetiva de tecnologias sanitárias no campo, e estruturantes, de educação e mobilização social, alinhadas com mecanismos de interação e diálogo, para o desenvolvimento de projetos de desenvolvimento local com SBN que promovam ações contra-hegemônicas adaptadas ao território e que contemplem a inclusão de todos os atores no processo, produzindo uma nova subjetividade para os envolvidos, ampliando o leque de saneamento e saúde comum, para uma abordagem integral que contemple também as questões mentais e emocionais, entre outras.

As três ecologias e as tecnologias sociais

A urgência por profundas transformações traz a necessidade de mudanças nas visões coletivas de mundo e na forma de atuação nos territórios, nas condições de trabalho e de bem viver, para cuidar do meio ambiente. Um dos pontos fundamentais a ser aprofundado é o conceito introjetado de meio ambiente, no qual o ser humano não se vê integrado e pertencente à natureza. Como já apresentado previamente, o antropocentrismo visualiza a natureza como um bem a ser utilizado e a caracteriza como meio ambiente. Assim, transforma-se a natureza em uma forma de capital a ser utilizado e/ou restaurado, de acordo com a necessidade. No entanto, é exatamente essa sensação de separatividade que gera a dificuldade de estabelecer-se uma relação afetiva e um cuidado efetivo com o meio ambiente, percebendo o ser humano integrado à natureza. Segundo Moscovici (2007), o ser humano não pode ser visto separadamente do ambiente em que está inserido. Logo, quando se cuida apenas da natureza, sem considerar a comunidade/indivíduo no território, pode-se promover exclusão social, pela não consideração do indivíduo.

A abordagem de "ecoeficiência" como um caminho para o desenvolvimento sustentável é uma forma de exemplificar esta dissociação na prática, trazendo conceitos rasos de minimização dos impactos. Essa visão acabou dominando debates ambientais, sociais e políticos, introduzindo soluções para "ganho econômico e ecológico", mantendo a cultura hegemônica da natureza como um capital de venda (JAENICKE, 1993). Apesar disso, embora as ações nesse formato apresentem impactos positivos na preservação dos recursos ambientais, não consideram integralmente as questões sociais do território, incidindo apenas sobre os pilares econômico/ambiental, negligenciando o psicossocial e o ser humano no contexto local.

Uma forma de visualizar essa dissociação ser humano-natureza nas intervenções ambientais é a criação de parques nacionais, os quais geralmente são precedidos ou seguidos pelo deslocamento/expulsão de populações nativas, em uma postura meramente corretiva, conservadora e excludente. Este posicionamento ignora o papel que as populações tradicionais desempenham na conservação do meio ambiente em que vivem (ALIER, 2007). Além disso, desconsidera o saber tradicional e muitas vezes marginaliza as comunidades por meio de legislações que desmerecem seus modos de bem viver. A partir deste olhar, pode-se compreender a relação de simultaneidade entre a destruição da natureza e a destruição da cultura, ou seja, o "ecocídio" é, em certos aspectos, um "etnocídio", que se dá pela desconsideração da cultura local (MOSCOVICI, 2007).

Nessa linha de raciocínio, muitas das intervenções da engenharia na atualidade não consideram o contexto da comunidade atendida e, por meio de mecanismos hegemônicos de políticas públicas preestabelecidos, apenas inserem tecnologias tecnocientíficas duras, convencionais, que usualmente não correspondem às necessidades reconhecidas pela população do território e nem envolvem esta nos processos de tomada de decisão e execução, sendo inefetivas na produção de autonomia e sustentabilidade e do próprio manejo dessas tecnologias.

Essa forma de ação hegemônica está intimamente relacionada à definição de injustiça ambiental encontrada na declaração de lançamento da Rede Brasileira de Justiça Ambiental (RBJA) em 2001, por não reconhecer e fortalecer as comunidades no contexto local:

> O mecanismo pelo qual sociedades desiguais, do ponto de vista econômico e social, destinam a maior carga dos danos ambientais do desenvolvimento às populações de baixa renda, aos grupos sociais discriminados, aos povos étnicos tradicionais, aos bairros operários, às populações marginalizadas e vulneráveis (PORTO, 2011, p. 35).

Em contraposição, o conceito de "justiça ambiental" se expandiu por priorizar o protagonismo das populações marginalizadas e suas condições de vida, ressaltando a importância da autonomia, sustentabilidade e equidade no atendimento das necessidades dos povos nativos (RBJA, 2010). A justiça ambiental é o princípio em que os custos ambientais e amenidades devem ser distribuídos equilibradamente na sociedade (HARNER et al., 2002, p. 318). Nesse sentido, o mesmo também é definido pela RBJA e discutido por Porto (2011):

> Já o conceito de justiça ambiental é entendido por um conjunto de princípios e práticas que asseguram que nenhum grupo social, seja ele étnico, racial, de classe ou gênero, suporte uma parcela desproporcional das consequências ambientais negativas de operações econômicas, decisões de políticas e de programas federais, estaduais, locais, assim como da ausência ou omissão de tais políticas (PORTO, 2011, p. 35).

Cabe ressaltar que, para fomentar ações de desenvolvimento local e saneamento em comunidades isoladas e/ou tradicionais e promover "justiça ambiental", é fundamental um olhar, que considere não só as normas e tecnologias disponíveis, mas principalmente as dimensões ecológicas, sociais, econômicas e individuais em cada território.

Logo, a utilização de práticas transdisciplinares é fundamental para uma abordagem integral no campo do desenvolvimento local e das SBN, considerando o saber não fragmentado. Por fim, Guattari (1990) afirma que é do lado das ciências "duras" que se espera uma reviravolta com respeito aos processos de subjetivação. Segundo Guattari (1990), por intermédio de um olhar transdisciplinar decorrerá uma recomposição das práticas sociais e individuais, segundo três definições complementares – a ecologia social, a ecologia mental e a ecologia ambiental – sob o campo da ecosofia.

A figura a seguir (figura 1) apresenta as três ecologias e graficamente demonstra a necessidade da construção de tecnologias sociais (TS) que promovam convergência e inclusão da atenção aos diversos aspectos inerentes ao cuidado com o ser humano e a natureza.

Figura 1: Abordagem Integral para atuar com desenvolvimento local e SBN

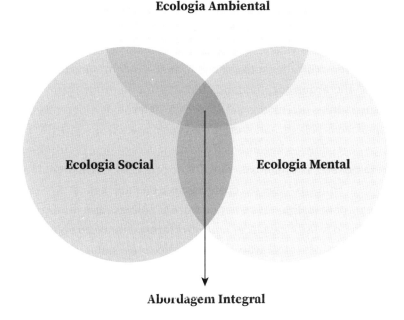

Fonte: adaptado de Machado, Maciel e Thiollent, 2019.

A partir desse olhar, cabe o desdobramento das três ecologias de Guattari (1990) para apresentar uma abordagem integral, de convergência de pilares metodológicos, que envolvam a integração dos diversos atores e saberes, com aplicação real em um território, partindo da inclusão dos indivíduos e também da natureza, ao longo de todo o processo criativo no desenvolvimento de TS.

Para isso, deve-se criar e fortalecer laços entre os ecologistas, técnicos, os cientistas sociais e a população, afinal, o estabelecimento de um método científico ou técnico deve depender não apenas da eficiência tecnológica obtida, a qual se baseia apenas na produtividade e na otimização de resultados, mas também na ponderação de suas vantagens e efeitos negativos: psíquicos, físicos e sociais. O olhar crítico dos ecologistas, dos técnicos e dos cientistas sociais é preciso, pois por meio dessa integração mantêm-se em mente, em primeiro lugar, o respeito à vida (MOSCOVICI, 2007).

Todavia, cabe compreender que as Tecnologias Convencionais (TC) apresentam como síntese serem: i) mais poupadoras de mão de obra do que seria conveniente; ii) possuem escalas ótimas de produção sempre crescentes; iii) são ambientalmente insustentáveis; iv) intensivas em insumos sintéticos e produzidos por grandes empresas; v) sua cadência de produção é dada pelas máquinas; vi) possuem controles coercitivos que diminuem a produtividade; vii) segmentadas, não permitindo controle do produtor direto; viii) alienantes, não utilizando a potencialidade do produtor direto; ix) hierarquizada, demandando a figura do proprietário ou chefe; x) possui padrões orientados pelo mercado externo de alta renda e xi) são monopolizadas pelas grandes empresas dos países ricos (DAGNINO, 2004). Este tipo de tecnologia hegemônica não considera o contexto local, social, a natureza e os seres humanos envolvidos no processo, normalmente apenas levando em conta os aspectos econômicos e de eficiência.

Logo, para realizar essa sinergia entre as políticas da natureza, sociais e os cientistas, deve-se estabelecer uma nova forma de atuação e abordagem da tecnologia em si, de integração, para novas ações e estudos, que considerem não apenas a técnica, mas também a relação ser humano/natureza e ser humano/sociedade em si. As tecnologias sociais são consideradas adaptadas, com sistemas não convencionais, apresentando uma alternativa à visão convencional, promovendo a emancipação social (DAGNINO, 2010). O conceito adotado pela Rede de Tecnologia Social (RTS) é:

> Tecnologia social são técnicas e metodologias transformadoras, desenvolvidas na interação com a população, que representam soluções para inclusão social (BAVA, 2004, p. 106).

As TS apresentam como síntese serem: i) adaptadas a pequeno tamanho físico e financeiro; ii) não discriminatória entre as relações de trabalho (patrão x empregado); iii) orientada para o mercado interno de massa; iv) liberadora do potencial e da criatividade do produtor direto e v) capaz de viabilizar economicamente os empreendimentos autogestionários e as pequenas empresas (DAGNINO, 2004). Essas tecnologias têm sido enfatizadas no Brasil nos movimentos sociais e, mais recentemente, na forma de políticas públicas (DIAS, 2017). Esse movimento toma forma desde 2000, tendo como exemplo a Fundação Banco do Brasil, que tem um banco de tecnologias sociais desde 2001 (FBB, 2018).

A Ecologia Ambiental e o Saneamento Ecológico

Um princípio particular da ecologia ambiental é o de que tudo é possível, desde as piores catástrofes até as evoluções flexíveis. Desta forma, os equilíbrios naturais da Terra cada vez mais dependerão das intervenções humanas. Contudo, como abordado por Guattari (1990), é necessário dominar a mecanosfera, ou seja, o conjunto da maquinação, da máquina cega sem vontade, e estabelecer novos vínculos com a natureza em si, para utilizar a tecnologia a nosso favor e não servir à mesma.

Bateson (2000) afirma que a crise ecológica se dá pela ação combinada de três fatores: o progresso técnico, o aumento da população e, em especial, a ideia errônea sobre a natureza do ser humano e sua relação com o meio ambiente. O pensamento ocidental, de acordo com esse autor, pode ser sintetizado nas seguintes frases: i) nós contra o ambiente; ii) nós contra outro ser humano; iii) é o singular que conta; iv) podemos ter um controle unilateral do ambiente e devemos nos esforçar para atingi-lo; v) vivemos no interior de uma fronteira que se expande ao infinito; vi) a técnica permitirá atuar sobre tudo isso.

Trata-se de afirmações fundadas em erros epistemológicos que são evidenciados na colocação do autor: "a criatura que se volta contra o próprio ambiente destrói a si própria", uma vez que a criatura se desliga da estrutura da qual pertence e depende (BATESON, 2000).

Ao abordar essa questão, pode-se e deve-se focar na relação de interação entre o ser humano e a natureza, em sua interdependência e integração. A partir dessa consciência integral, toma-se em consideração o ser humano como um ser sistêmico e, assim como a sociedade e o planeta, funcionando integrado com a natureza (CAPRA, 1997).

Ao fazer uma reflexão sobre as tradições, percebe-se que a questão natural origina-se na crise do lugar da humanidade na natureza, a partir de uma cisão, da sensação de separatividade vivenciada em suas relações. Logo, para estabelecer novos paradigmas de interconexão, Moscovici (2007) defende a necessidade do regresso à natureza, o que significa voltar com nossos corpos ao corpo dos corpos, a Terra, onde cada um encontra sua morada. E Joana Macy (2004), baseada na ecologia profunda, construiu caminhos para esse retorno à Terra.

Segundo Bateson (2000), a relação de convivência com a natureza deveria empreender uma qualidade diferente de desenvolvimento. Além do uso de tecnologias não poluentes, caberia reforçar setores como a escola, a pesquisa, a formação, a alimentação, o cuidado com as pessoas e a natureza. Logo, a questão não é técnica, mas de uma outra concepção de mundo, do modo de estarmos juntos no convívio com a natureza, em uma "consciência ecológica".

O foco dos ecologistas se fundamenta justamente na regra da reciclagem e a aplicam não somente aos materiais, mas igualmente às ideias e às formas de vida. Neste campo de atuação, o saneamento tem sido revisitado através do uso de TS, as quais são mais integradas à natureza e seus ciclos, imitando suas formas de reciclagem de nutrientes e integrando o ser humano nesse processo.

Normalmente, o saneamento é abordado como um conjunto de ações entendidas como de saúde pública, compreendendo o abastecimento de água em quantidade, com qualidade compatível com os padrões de potabilidade; coleta, tratamento e disposição adequada dos esgotos e dos resíduos sólidos; drenagem urbana de águas pluviais e controle ambiental de roedores, insetos, helmintos e outros vetores e reservatórios de doenças (MORAES, 1993).

No entanto, os sistemas convencionais de tratamento de esgotos provocam impactos ao meio ambiente e à saúde das populações, por meio do lançamento de esgotos parcialmente tratados em corpos de água, apenas se preocupando com os parâmetros estabelecidos na legislação ambiental. Essas formas de tratamento apresentam riscos à natureza e à saúde da população. Os conceitos e técnicas apresentados pelo saneamento ecológico e pela permacultura representam uma nova abordagem a essa problemática, apresentando soluções para tratamento e reuso domiciliar dos efluentes (ESREY, 1998).

Atualmente, são utilizadas novas abordagens de saneamento denominadas "saneamento ecológico", as quais representam uma visão alternativa da economia ambiental neoclássica, em relação à sustentabilidade dos atuais padrões de desenvolvimento. Esses sistemas promovem o correto manuseio e uso das excretas humanas e de animais como produtos, garantindo a segurança sanitária e fechando o ciclo dos nutrientes (FONSECA, 2008). E, nesse contexto, as SBN trazem essa integração da biomimética e da economia circular, que convergem também no saneamento ecológico. Podemos compreender que esses conceitos em si convergem em muitas interfaces, exatamente por apresentarem a relevância de ouvir e incluir a natureza nos nossos processos em um modelo de cooperação, e não de exploração.

Em suma, a diferença é que enquanto os sistemas convencionais de saneamento são lineares, tratando o efluente e descartando-o na natureza nos parâmetros adequados, os sistemas de saneamento ecológico reutilizam-no, através da modificação e aproveitamento do ciclo hídrico e de nutrientes do mundo natural, expandindo o contato com a excreta como matéria-prima (GALLO et al., 2016).

O conceito de saneamento ecológico nasce deste novo paradigma, que reconhece as excretas e as águas residuais das casas como recurso disponível para reuso, ao contrário do saneamento convencional, que enxerga os mesmos como rejeito. Passando do padrão culturalmente aceito "uso-descarga-esquecimento" para o olhar de proteção dos recursos "uso e reuso", (HU et al., 2016; WERNER, 2008; NICOLAO, 2017), com envolvimento dos moradores no processo de compreensão, construção e manutenção do processo.

Segundo Werner (2008), esses sistemas apresentam três princípios. O princípio básico de fechar os ciclos de nutrientes possibilita a recuperação de macro e micronutrientes, matéria orgânica, água e energia, contidos nas águas residuais, assim como os conceitos de economia circular.

O segundo princípio também é apontado por Galbiati (2009), sobre a segregação na fonte, na qual fluxos com diferentes características devem ser separados nas suas fontes para que sejam aplicados tratamentos com aproveitamento adequados. Assim, há separação das águas negras (oriundas do vaso sanitário) e das águas chamadas cinzas (não contaminadas com fezes), permitindo o tratamento prático e descentralizado dos diferentes tipos de efluentes domésticos.

O terceiro princípio se refere à diluição mínima dos fluxos, ou seja, ter como enfoque o aumento da disponibilidade hídrica pela economia e reuso de água, a proteção dos recursos hídricos pelo não lançamento de esgoto – tratado ou não – nos cursos de água, aumentando as concentrações dos recursos a serem aproveitados (WINBLAD; SIMPSON-HÉRBERT, 2004; WERNER, 2008).

Por meio de processos integrados aos fluxos da natureza, esses nutrientes passam a compor um novo ciclo produtivo, gerando riquezas e melhorando a qualidade de vida das populações beneficiadas, alterando, assim, os procedimentos tecnológicos convencionais de disposição final e tratamento, de forma alinhada com o conceito de SBN.

Segundo Hu et al. (2016), o saneamento ecológico também objetiva atender as necessidades socioeconômicas, reduzindo o consumo, poupando energia e recursos locais, recuperando nutrientes para produção de alimentos. Sendo assim, seus sistemas são considerados mais facilmente adaptados a atenderem a demanda rural, onde as moradias são descentralizadas e próximas de terras cultivadas, sempre com a participação e responsabilização dos moradores, para gerar autonomia e, assim, ser caracterizado como TS. Mas também podem ser adaptados a área urbana, especialmente as periféricas, muitas vezes negligenciadas.

Mas do que uma tecnologia específica, o saneamento ecológico é uma linha de pensamento e de interação e colaboração com a natureza, que pode ser utilizado de forma descentralizada, para gerar autonomia, de acordo com o contexto social local. Nesse sentido, pode haver uma divergência quanto à autonomia considerada no processo, pois as SBN em escala urbana trazem uma abordagem mais direcionada para a escuta com a natureza, podendo também ser construída em grandes escalas.

No caso do saneamento ecológico, o tratamento das águas cinzas é relativamente simples, dependendo do objetivo do reuso, podendo ser feito nas próprias residências, inclusive com aplicação direta no solo, para irrigação de árvores e jardins, desde que sejam seguidos alguns critérios de ordem sanitária (RIDDERSTOLPE, 2004). Ainda, essas águas representam 70% do esgoto doméstico (PAULO et al., 2012).

O uso de tanque de evapotranspiração (TEvap) para águas negras, exemplo de tecnologia, apresenta potencial para reaplicação em condomínios populares e zonas rurais, a qual também pode ser utilizada como jardim, próxima às residências, ainda havendo o benefício de gerar frutos (PAULO et al., 2012; GALLO et al., 2016; GABIALTI, 2009). Abaixo, apresenta-se quadro comparativo entre a abordagem de saneamento convencional e o saneamento ecológico, baseado em diversas referências bibliográficas:

Tabela 1: Comparação do saneamento convencional com o saneamento ecológico

SANEAMENTO BÁSICO	SANEAMENTO ECOLÓGICO
Ações de prevenção de doenças e controle da poluição	Ações preventivas de doenças e de promoção da saúde
Consiste no tratamento e adequação dos padrões da legislação para disposição final do efluente, de forma adequada	É sustentável, socialmente aceito e economicamente viável
Considera majoritariamente os aspectos técnico/econômicos	Considera os aspectos sociais, ambientais, técnico/econômicos e culturais
Considera as excretas e águas residuais como rejeitos, que devem ser tratados e dispostos adequadamente	Considera excreta e águas residuais como recursos, que devem ser reaproveitados, protegendo assim os recursos naturais
Não há separação das águas. Assim, o tratamento é realizado unificadamente	Separa a água em dois tipos: águas negras (águas de sanitário) e águas cinzas, para posterior aproveitamento
Trata o ciclo dos nutrientes e da água de forma linear, aberta	Promove o fechamento do ciclo dos nutrientes e da água com seu reaproveitamento.
Caracterizado como tecnologia convencional	Caracterizado como tecnologia social (TS)
Construído a técnica de forma convencional e padronizada	Construído a técnica considerando as dimensões socioambientais e culturais locais
Construído para a população, enquanto beneficiária passiva	Construído com a população, de forma a gerar autonomia, tendo o sujeito de direitos ativo nos territórios

SANEAMENTO BÁSICO	SANEAMENTO ECOLÓGICO
Conduzidos por técnicos sem participação comunitária	Conduzidos em diálogo e com participação comunitária
Treinamentos curtos e rápidos	Processos de capacitação e de educação em saúde, com educação popular, partilhas construtivas, rodas de conversa, entre outras
Prioriza a informação individualizada	Prioriza a formação coletiva e a mobilização social educadora
É instrumental e atemporal, baseada na solução técnica	É parte e expressão dos arranjos comunitários e se fortalece em redes sociais

Fonte: Machado, 2019; Machado et al., 2019.

Neste caminho, existe a perspectiva de inclusão social no processo relativo à tomada de decisão e nas etapas construtivas, envolvendo os comunitários em todo o processo. Essa linha de ação traz uma reconexão do ser humano com a natureza, fomentando uma ecologia ambiental, ou seja, o fortalecimento de uma consciência ambiental na prática. Como abordado por Freire (2016), é partindo da compreensão do ser humano se perceber implicado e integrado com a natureza, a partir da práxis, que ocorre uma conscientização, capaz de gerar novos impulsos alinhados ao cuidado com os sistemas.

Esse também é um mote da SBN, mesmo nas construções em larga escala, como apresentado por Herzog e Rozado (2019), reintegrar a natureza no cotidiano das pessoas.

No entanto, e por serem originadas na interação entre ecologistas e ativistas, muitas destas novas práticas têm sua validade acadêmica questionada, por apresentarem ainda dados empíricos das soluções implementadas. Contudo, ao invés de cercear as mesmas, os pesquisadores deveriam aprofundar-se nelas para avaliar seus resultados, otimizar seus processos, com aprimoramentos possíveis por meio desse olhar transdisciplinar, que aborda a técnica também com uma visão social, ambiental e inclusiva.

Portanto, cabe valorizar o campo da experimentação social, pois esta prática permite a cada um tomar a iniciativa que precisa e avaliar o esforço possível de ser dispendido, se o sentem como algo vital. De fato, a experimentação social transforma e pode construir novos paradigmas (MOSCOVICI, 2007). A esse respeito, Moscovici afirma:

> Certamente, é preciso fazer aquilo de que somos os únicos capazes de fazer hoje: tentar novas práticas. É hora de aplicar a nós mesmos a fórmula dos três R: reduzir, repensar, reorientar. Por que? Porque o essencial na experimentação é fazer nascer as coisas que não existem ou que têm necessidade de ser ajustadas (MOSCOVICI, 2007, p. 66.)

No atual contexto, diversos ativistas e pesquisadores já estão fundamentando esses novos conceitos e ações baseados na práxis e em uma nova relação do ser humano com a natureza. Tais ações apresentam ganhos técnicos, ao mesmo tempo em que focam nas questões socioambientais.

Mas não devemos parar apenas nas técnicas e sim explorar novos meios de comunicação e diálogo com a natureza. É a partir do que já foi abordado antes que eu convido você a fazer um exercício inspirado na ecologia profunda. E aí eu pergunto, qual foi a última vez que você falou com a água?

No primeiro capítulo eu já trouxe diversas abordagens, como o animismo, que apontam que tudo o que nos rodeia tem alma. Como Masaru Emoto demonstrou, a água está viva e ao nos ouvir ela reage e se reorganiza. Então se você pudesse falar com ela, qual mensagem você mandaria nesse momento?

Você pode fazer esse exercício em dupla ou na natureza, olhando para a água. Fazer com uma outra pessoa às vezes facilita, para ter alguém personificando a água. Se permita ser louco e fazer um convite diferente. Peça para a pessoa na sua frente simplesmente representar a água.

1. **Peça para ela se conectar com a água e falar de toda a sua dor. Qual a dor da água nesse momento em como a tratamos?**

2. **Depois você pode falar para essa pessoa o que você gostaria de se desculpar às águas como ser humano?**

3. **Depois disso a pessoa que representa a água pode falar como ela se sente recebendo isso.**

4. **E você pode falar como você gostaria de mudar a sua relação com a água. O que você gostaria de fazer diferente que está em seu domínio?**

Esse é um exercício simples, inspirado na ecologia profunda, muito potente, que pode ser realizado por qualquer um. Se você deseja atuar com SBN, pode fazer com os colaboradores de cada projeto. Esse é um dos caminhos para iniciar um reconectar das pessoas com a natureza e com as águas de seu território. Outro exercício potente é fazer um mapa falado com os atores locais.

Atuar com SBN e saneamento ecológico também é um caminho tecnológico para resgatar os fluxos naturais e incentivar o fortalecimento da ecologia ambiental nos projetos.

A Ecologia Social, a Ecologia de Saberes e a Pesquisa-ação

Como abordado por Guattari (1990), não se pode separar a natureza da cultura e precisa-se aprender a pensar "transversalmente" as interações entre ecossistemas e universos de referências sociais e individuais. É evidente que uma gestão mais coletiva e uma autorresponsabilidade se impõem para orientar as ciências e as técnicas em direção a finalidades mais humanas. Neste sentido, não é justo separar a ação sobre a natureza daquela sobre o socius, seu conjunto de valores referentes à comunidade e à psique de seus sujeitos. Quando visualizamos o saneamento por meio da ecologia social, seu princípio particular diz respeito à promoção de um investimento afetivo em grupos humanos de diversos tamanhos.

O desafio consiste em desenvolver práticas específicas que tendam a modificar e reinventar as maneiras de ser, nos diversos contextos e coletivos, reconstruindo o conjunto de modalidades do ser em grupo. Para isso é necessário focar nos modos de produção de subjetividade: de conhecimento, cultura, sensibilidade e sociabilidade, que se relacionam com a produção de novos símbolos nos coletivos relacionados com o cuidado humano.

Para este tipo de troca e mudança simbólica social, os projetos devem promover diálogo e trocas entre todos os atores, com o envolvimento integral dos grupos atendidos no território, de forma horizontal mediante uma "ecologia de saberes", gerando autonomia individual e coletiva (SANTOS, 2008).

A ecologia de saberes confronta a monocultura da ciência moderna porque se baseia no reconhecimento da pluralidade de conhecimentos heterogêneos (sendo um deles a ciência moderna) e em interações sustentáveis e dinâmicas entre eles sem comprometer a sua autonomia. Assim, seu intuito é cruzar conhecimentos e, portanto, também ignorâncias. Tem como busca dar credibilidade aos conhecimentos nãocientíficos, o que não implica o descrédito do conhecimento científico. Implica, simplesmente, a sua utilização contrahegemônica. E é exatamente por isso que o uso contra-hegemônico da ciência não pode limitarse à ciência, fazendo sentido no âmbito de uma ecologia de saberes. Logo, sua definição expande o caráter testemunhal dos conhecimentos de forma a abarcar igualmente as relações entre o conhecimento científico e nãocientífico, alargando deste modo o alcance da intersubjetividade como interconhecimento e vice-versa (SANTOS, 2007).

Moscovici (2011) corrobora com a visão de ecologia de saberes de Santos (2008), ao abordar como importante estratégia o "ganhar nas margens", ou seja, envolver todos os atores possíveis, ocupando espaços atualmente mudos em nossa sociedade e deixar as ideias das minorias penetrarem na ecologia e a ecologia nas suas. Hoje, assistimos a um florescimento de minorias ativas que remodelam o mapa de nossa sociedade.

Neste âmbito, ao atuar coletivamente em cada território podemos reinventar e adaptar as tecnologias, utilizando as sabedorias de todos os indivíduos, sejam acadêmicas, tradicionais e do território em voga. Assim, permite-se a valorização de cada indivíduo implicado, considerando não somente a técnica, mas também a cultura, a natureza e o modo de viver de cada grupo. Nas palavras de Santos:

> Temos o direito de ser iguais quando a nossa diferença nos inferioriza; e temos o direito de ser diferentes quando a nossa igualdade nos descaracteriza. Daí a necessidade de uma igualdade que reconheça as diferenças e de uma diferença que não produza, alimente ou reproduza as desigualdades (SANTOS, 2007, p. 54).

Esse princípio apresenta a importância da participação e mobilização comunitária e como, a partir dessas trocas e encontros, uma nova sabedoria pode emergir para todos os atores implicados. Além disso, considerar todas as vozes envolvidas no processo garante a horizontalidade e equidade na colocação de todos os atores, o que se reflete em projetos que tenham a promoção da equidade como alicerce.

Utilizando-se de uma ecologia de saberes efetiva, calcada em ações estruturantes participativas, pode-se propiciar a adequação da tecnologia de saneamento ao território e sua apropriação pela comunidade, gerando autonomia e fortalecimento individual e coletivo. Essa metodologia pretende cuidar das necessidades humanas da comunidade utilizando uma abordagem ética e inclusiva, ao invés de apenas introduzir uma tecnologia tradicional hegemônica e exógena, muitas vezes excludente. Ainda como abordado por Korten (2007) e Weihs e Mertens (2013), para realizar-se mudanças efetivas, é importante aproveitar a diversidade como estratégia dos sistemas vivos para maior resiliência, promovendo autonomia local e empoderamento de grupos de congruência.

Logo, para atuar a partir de uma abordagem participativa deve-se contemplar uma prática dialógica que alinhe as perspectivas de pesquisadores, interventores, sociedade civil e demais atores locais, horizontalizando e valorizando os diferentes saberes.

Esta premissa denota a relevância em utilizar metodologias colaborativas para instrumentar a participação (MAYUMI, 2016). Atualmente, existem diversos métodos e metodologias colaborativos que podem ser utilizados para fomentar a participação e inclusão dos diversos saberes, para sair do campo teórico e efetivamente, incluir na prática a "ecologia de saberes", apresentada por Santos (2008). Uma ferramenta importante para ser utilizada é o planejamento participativo, para que efetivamente haja representatividade, controle e participação social.

No campo prático da gestão de projetos, o método de Criação Colaborativa de Projetos Dragon Dreaming (DD), como um caminho possível, fomenta maior interação, dialogismo e a construção colaborativa, tendo como ponto de partida a integração de ferramentas de avaliação e planejamento participativo, com base nas intenções dos envolvidos, no método é chamado sonho, valorizando a voz individual e coletiva.

O Dragon Dreaming é método de criação colaborativa de projetos (MACHADO; BARBUTO; CROFT, 2021), que tem como ideia central:

> Promover a racionalização subversiva dos sistemas técnicos de gestão, de forma a sair da cultura do ganha-perde (win-lose games) para o estabelecimento de relações do tipo ganha-ganha (win-win games) (...). Ao buscar dinamizar a oposição entre indivíduo e coletivo, a metodologia propõe lidar com a dialética da vida grupal, de forma a mobilizar as aspirações individuais em prol de um propósito comum, valorizando a inteligência coletiva, o diálogo aberto (MAYUMI, 2016, p. 76).

Tem uma abordagem ampla que pode ser compreendida como uma filosofia que é ancorada pela cultura aborígene australiana, Croft (2009), pela ecologia profunda (MACY; BROWN, 2004), pela teoria dos sistemas vivos (BATESON, 1986) e pelo pensamento de Paulo Freire (FREIRE, 1986). Ao longo da busca por maior efetividade de ações dos movimentos sociais e ambientalistas, o método foi sendo testado e aprimorado no fluxo do ativismo socioambiental. Por trazer uma abordagem com alicerces na ecologia profunda e na teoria dos sistemas vivos, já apresenta uma visão alinhada com a ecologia ambiental.

Já no campo acadêmico, teórico, levando-se em conta as questões abordadas, para alcançar-se a ecologia social e uma mudança simbólica efetiva é conveniente atuar no território por meio de pesquisa-ação, sempre envolvendo o grupo local nas ações efetivas, para conhecer as necessidades vivas do território e promover uma apropriação da cultura local em relação ao saneamento, que contemple todos os atores locais.

A utilização de pesquisa-ação promove um olhar holístico para a implementação da TS, considerando a técnica, o contexto do território e a população atendida, atuando por meio de uma ecologia de saberes e gerando sempre mais conhecimentos acerca de uma nova área que carece de maior capilarização.

Um dos principais objetivos da pesquisa-ação consiste em dar aos pesquisadores e participantes os meios para responderem com maior eficiência aos problemas da situação em que vivem a partir de diretrizes de ação transformadoras. Trata-se de facilitar a busca de soluções aos problemas reais para os quais os procedimentos convencionais têm pouco contribuído. Neste sentido, os procedimentos a serem escolhidos devem obedecer a prioridades estabelecidas, partindo de um diagnóstico da situação no qual os participantes tenham voz e vez (THIOLLENT, 2013).

Na pesquisa-ação os pesquisadores desempenham um papel ativo no equacionamento dos problemas encontrados, no acompanhamento e na avaliação das ações desencadeadas em função dos problemas. Sem dúvida, a pesquisa-ação exige uma estrutura de relação entre pesquisadores ou interventores e pessoas da situação investigada que seja participativa. Assim, é estabelecida uma horizontalidade na relação facilitador/comunitário por meio da valorização de aspectos qualitativos, grupais e informacionais do sistema pesquisado (VASCONCELOS, 2004).

Do ponto de vista sociológico, a proposta de pesquisa-ação dá ênfase à análise das diferentes ações. Dessa forma, a mesma não pretende focar na psicologia individual e também não é adequada ao enfoque macrossocial. Ela se configura como um instrumento de trabalho e de investigação com coletivos de pequeno e médio porte. Contrariamente a certas tendências da pesquisa psicossocial, os aspectos sociopolíticos são mais pertinentes do que os aspectos psicológicos das relações "intrapessoais". Contudo, essa visão não despreza a realidade psicológica e seus valores (THIOLLENT, 2013). Neste sentido, a pesquisa-ação é considerada um método ou uma estratégia de pesquisa e ação que agrega várias técnicas de pesquisa social. Nesse âmbito, cabe ressaltar as diversas ferramentas que podem e devem ser utilizados para garantir sua qualidade.

Para um melhor entendimento das demandas populares, são exigidos processos elaborados para compreender sua realidade e a pesquisa social qualitativa é reconhecida tanto por sua capacidade de captar elementos simbólicos como também por trabalhar melhor a relação observador/observado. Esta abordagem trabalha com o universo de significados, motivos, aspirações, crenças, valores e atitudes. Neste campo, a realização de uma pesquisa social empírica compreende a articulação de diversas técnicas, como a observação participante, entrevistas grupais ou individuais, grupo focal, diagnóstico participativo e levantamento de dados secundários de caráter quantitativo. Para análise desses dados, utiliza-se a triangulação, que permite seu encadeamento e validação, propiciando uma inserção profunda no contexto do qual emergem as falas, os fatos e as ações dos indivíduos (PHYLLIPI, 2005).

A proposta metodológica apresentada constitui-se como uma possibilidade de intervenção integrada, na qual várias ferramentas podem ser combinadas para atingir os objetivos pretendidos, colaborando na introdução de um diálogo entre culturas e grupos sociais, aceitando-se a crítica ao relativismo cultural desenvolvida por Santos (2007).

No decorrer do processo, os aspectos argumentativos são articulados, principalmente, em situações comunicacionais, de discussão (ou de "diálogo") entre interventores, pesquisadores e participantes. Nestes casos é estabelecida uma comunidade de espíritos ou um vínculo intelectual, com o intuito de se chegar ao consenso acerca da descrição de uma situação e a uma convicção a respeito do modo de agir. Contudo, é de grande interesse estudar as diferenças de linguagem, destacando aquelas que são obstáculos à intercompreensão, pois não se trata apenas dos participantes aceitarem pontos de vista ou noções que não pertenciam ao seu universo de representações. Os próprios especialistas podem alterar a sua própria representação no sentido de complementar o conteúdo que já tinham experiência de outra forma (THIOLLENT, 2013).

Assim, para valorizar uma ecologia social, ou seja, envolver um grupo social numa tomada de consciência, cabe trazer intrínseca no processo a "ecologia de saberes" e utilizar ferramentas adequadas para essa inclusão. No cenário proposto, para atuar com SBN e desenvolvimento local, utilizar metodologias colaborativas, alinhadas com pesquisa-ação e abordagens qualitativas, se faz fundamental para efetivamente envolver os indivíduos e representantes de cada nicho social do contexto a ser abordado.

Então, numa aplicação prática da relação entre saneamento e tecnologias sociais para a transformação social, há a necessidade de explorar a utilização de ferramentas de métodos colaborativos atrelados à pesquisa-ação e abordagens qualitativas, para integrar uma abordagem humana no desenvolvimento de tecnologias, para que essas sejam realmente apropriadas a cada contexto.

Em muitos dos projetos que participei, os desafios emergiram ao trabalhar com grupos e pessoas diversas. Pensando nisso, então eu te convido a refletir sobre como você se posiciona no mundo, em relação aos diferentes saberes. Para isso, primeiro se pergunte e escreva:

1. **Escreva um projeto/ação de sucesso e como foi trabalhar com as pessoas e os diversos saberes nesse projeto?**
2. **Escreva um projeto/ação de fracasso/erro/falha/problemas e qual foi o aprendizado ao atuar nesse projeto?**
3. **Agora reflita e escreva sobre como foi trabalhar com as pessoas e os diversos saberes nesse projeto?**
4. **Reflita e escreva sobre como você poderia se abrir para ouvir e incluir saberes completamente diferentes da sua visão de mundo?**

Essas perguntas podem orientar alguns pontos relevantes na sua trajetória, com relação a como efetivamente incluir os diversos saberes e percepções em projetos que se pretendem cuidar do coletivo, mas que muitas vezes não estão abertos para escutar as vozes de resistência. Se permita ficar nessa reflexão: como você lida com as resistências quando elas aparecem?

Uma forma de ampliar os resultados de um projeto é focar em mecanismos de comunicação que propiciem a cada indivíduo verbalizar a sua visão de mundo para coconstruir sentidos compartilhados, que sejam inclusivos e gerem pertencimento a todos os envolvidos, por meio de uma ecologia de sentidos, como será apresentado a seguir.

A Ecologia Mental e a Ecologia de Sentidos

Quando se trabalha com coletividades, a ecologia mental indica que se deve atuar na reconstrução das relações humanas em todos os níveis do socius, ou seja, sobre o conjunto de valores referentes à comunidade e sobre a psique de seus indivíduos. Não se deve desconsiderar que o poder capitalista se deslocou, se desterritorializou, infiltrando-se nos mais inconscientes estratos subjetivos, do macro ao micro.

Logo, um dos problemas-chave entre a ecologia social e mental é a introjeção do poder repressivo por parte dos oprimidos. Os próprios defensores dos interesses dos oprimidos reproduzem em suas relações íntimas os mesmos modelos patogênicos que entravam a liberdade de expressão e inovação (GUATTARI, 1990). Todavia, não é possível se opor ao capitalismo apenas externamente, mediante práticas sociais e políticas tradicionais. É imperativo encarar esses efeitos no domínio da ecologia mental dos indivíduos abrangidos, pois a partir dessa percepção é crucial cultivar o dissenso e a produção singular de existência.

Phyllip (2005) traz uma visão complementar ao defender que o próprio indivíduo é recriado pela sua representação de mundo. Dessa forma, para analisar um indivíduo é importante considerar seu contexto na estrutura social em que pertence, assumindo elementos de cultura, da linguagem e das representações do grupo no qual está inserido.

Quando representantes de coletivos diversos dialogam, mesmo que por meio de uma ecologia de saberes e em espaços comunicativos nos quais pretende-se a horizontalidade, a identidade subjetiva defendida por cada um fala mais alto, apresentando divergências de visão de mundo. No campo da política, a questão dos conflitos está sempre presente.

Logo, quando esses grupos sociais buscam defender seus conceitos, mesmo que decidindo por consenso, há sempre a exclusão de alguém ou de algo nestas concepções, o que revela uma inclinação humana pela exclusão. Nessa direção, se o político exclui sempre algo ou alguém, pode-se supor que o político se assemelhe à hostilidade, por agir em detrimento de algum ponto de vista (PRADO, 2002). Assim, o campo do político configura-se pela relação entre um coletivo que se constitui como um NÓS (identidade coletiva) versus um ELES (exteriorização da identidade coletiva). Nesse sentido, temos um sujeito coletivo totalizado e fechado sobre si mesmo, em sua identidade social, e um constitutivo externo como impossibilitado de constituir-se como um possível NÓS (PRADO, 2002).

No atual contexto social, para manter a identificação com suas raízes sociais, ao invés de cooperar acreditando em um NÓS, subjuga-se ELES e continua a perpetuação da cultura capitalista do oprimido/opressor (PRADO, 2002).

Portanto, devemos encontrar meios pelos quais as pessoas possam ser proprietárias de suas próprias vidas, tanto a partir do controle pessoal como da influência social. O empoderamento é um processo no qual as pessoas tornam-se conscientes de si mesmas (PRADO, 2002). Uma forma importante de alinhar os diversos atores de um território é coconstruir visões de mundo que englobem ambas conceituações. Ainda, o indivíduo não pode ser estudado apenas de um ângulo e as estruturas fazem sentido porque se organizam em função da vida individual (NASCIUTTI, 1996).

Nesse viés é importante uma abordagem que facilite a comunicação entre os diversos atores, para que possam compartilhar sentidos e visões de mundo, e por meio da empatia gerada, trabalhar em cooperação e produzir conhecimento coletivamente.

Por meio da práxis, de uma ação-reflexão, ou seja, de uma atuação consciente e do compartilhamento de visões de mundo, procura-se promover junto aos diversos participantes no processo o desenvolvimento de uma reflexão crítica para assumirem seu papel de sujeitos de transformação, o que promove empoderamento internamente, a partir da reflexão pelo diálogo e da conscientização (FREIRE, 2016).

A ecologia de sentidos entende que o conhecimento não está nem inscrito na mente (no sujeito), nem no mundo (o objeto), mas *in media res*, entre as possibilidades de o sujeito interagir com o objeto, por meio de processos orgânicos e simbólicos de assimilação e acomodação. A expressão latina *in media res*, refere-se, nesse contexto, ao lugar em que se constrói a possibilidade do conhecimento, por meio da comunicação entre os sujeitos (CAMPOS, 2014).

Sendo assim, a comunicação é vista como um mecanismo biológico que permite ao sujeito fazer sentido de si mesmo e do mundo exterior, afinal, qualquer movimento para o interior está correlacionado com outro movimento para o exterior. A ecologia dos sentidos e os métodos construtivistas–críticos permitem tanto o estudo das interações cooperativas como o das patologias comunicativas, porque levam em conta a transdisciplinaridade dos conhecimentos. Ao entender como as razões e emoções evoluem ao longo das vidas de indivíduos imersos em grupos e sociedades cultural e historicamente construídas, houve um avanço na construção da teoria de ecologia de sentidos (CAMPOS, 2014), a qual permite um olhar sobre as configurações de sentidos que emergem de construções e coconstruções de imagens de mundo (T) expressas em produções discursivas esquematizadas.

> É uma teoria que permite um olhar sobre as configurações de sentidos que emergem de construções e coconstruções de imagens do mundo (T) expressas em produções discursivas esquematizadas. Elas integram dinamicamente universais de comunicação (as operações mentais que a possibilitam) e os conteúdos situados de comunicação (a pluralidade infinita de significados e sentidos possíveis que se articulam graças às competências linguísticas, culturais e retóricas dos sujeitos que coconstroem imagens do mundo através de produções discursivas esquematizadas). Nas trocas, as produções discursivas dos indivíduos, grupos e/ou sociedades, que estabelecem interlocuções multilinguageiras – essas imagens de (T) ou imagens que (A, B, C, D...) têm de (T) – são negociadas em processos cooperativos ou impostos/manipulados em processos coativos (CAMPOS, 2014, p. 985).

De acordo com essa teoria, a saída cooperativa, cuja solução exige transformações ético-sociais, passa pelo diálogo e por uma revisão radical da estrutura e do funcionamento dos procedimentos democráticos, notadamente da ação do interventor ou pesquisador, que olha os sujeitos que comunicam no mundo (CAMPOS, 2014).

Assim, pela criação de espaços onde se permite um diálogo genuíno e um compartilhamento de imagens de mundo, são coconstruídas novas ecologias mentais em cada indivíduo, os quais se tornam mais conscientes, empoderados e desidentificados de padrões alicerçados no capitalismo, consequentemente mais autônomos. No entanto:

> Deve-se atentar constantemente para as questões de disputa de poder e de participação social, pois o "oprimido e o "opressor" e suas subjetividades estão dentro de cada um dos envolvidos no processo. Logo, ao longo das tomadas de decisão e condução das ações, utilizar técnicas de diálogo sobre as próprias necessidades e práticas participativas e cooperativas, propicia um real envolvimento dos atores envolvidos, para que quando haja conflitos, os mesmos, também possam ser resolvidos participativamente (MACHADO et al., 2018, p. 27).

Neste sentido, utilizar uma abordagem integral contempla não só a natureza, mas os indivíduos no território, promovendo mudanças na percepção e fomentando uma conscientização, ou seja, uma ação diferenciada ao longo de todo o processo, a partir da práxis e da reflexão crítica. Assim, baseado na ação coletiva, em cada envolvido emerge uma consciência do processo.

Ainda, quando se apresentam metodologias para integrar a ecologia de saberes e de sentidos, além da comunicação direta pelo compartilhamento de visões de mundo, são importantes outras abordagens para a comunicação não verbal, com o intuito de propiciar novos lugares dentro de todos os envolvidos, pois como Freire aponta: "o sonho do oprimido é se tornar o opressor" (1986).

Assim, a ecologia de sentidos pode ser vivenciada em momentos em que se privilegia o dialogismo. Mesmo assim, cada indivíduo traz em si sua visão de mundo. Logo, ferramentas e métodos de cuidado individual podem e devem ser integrados, para poder lidar com as questões emocionais que emergem nos conflitos e nos espaços de dissenso, muitas vezes permeados por feridas individuais oriundas do contexto social de cada indivíduo. De forma complementar, esses espaços de diálogo e cuidado podem ser permeados por diversos métodos: como comunicação não violenta, roda de terapia comunitária, terapias integrativas, entre outras, podendo dar voz às resistências internas de cada indivíduo e permitindo que os resistentes ativos no processo possam ser ouvidos e incluídos.

Sendo assim, por sua transversalidade, o diálogo perpassa todas as dimensões, e religa cada ser humano à sua visão de mundo, propiciando o contato interno do indivíduo consigo mesmo. A troca de sentidos entre os demais indivíduos faz brotar novas imagens de mundo: mais inclusivas, coconstruídas por todos, promovendo a sensação de pertencimento e estabelecendo condições de cooperação. Ainda, este contato com diversas visões de mundo permite a cada indivíduo refletir sobre sua atuação identificada com os coletivos e se "desidentificar" da tradicional abordagem oprimido-opressor, podendo agir como um ator social, otimizando resultados e aproximando cada ser humano.

Vamos então juntos refletir sobre como você tem atuado nos seus projetos, compreendendo a sua ecologia mental para interagir de uma forma diferente com as pessoas. Como você se relaciona com o mundo e como se sente em momentos de vulnerabilidade e necessidades não atendidas? Para isso, primeiro se pergunte e escreva:

1. **Quando num projeto ou diálogo você se sentiu excluído? Como foi essa sensação?**
2. **Como você lida com essa sensação e como reage no mundo?**
3. **Como você percebe as suas necessidades num diálogo?**
4. **Como você percebe as necessidades das pessoas em um diálogo?**
5. **Como você reage num diálogo quando percebe alguém sendo excluído?**
6. **A forma que você reage é de aproximação ou afastamento?**
7. **Como você sente que poderia agir diferente para mudar essa relação com as pessoas?**

Se quiser explorar mais sobre essa abordagem de compreensão das emoções e de como nossas visões de mundo refletem nas nossas relações, recomendo conhecer mais sobre comunicação não violenta (ROSENBERG, 2003) e o jogo Grok, que pode ser interessante para você passar a ter maior consciência das suas emoções e da sua equipe.

A partilha de sentidos, de emoções e de desafios, permite a coconstrução de uma imagem coletiva que permite o surgimento de outras soluções, considerando os aportes de cada indivíduo, os quais representam apenas uma voz coletiva da inteligência que acontece *in media res*.

Abordagem Integral

Como apontado por Guattari (1990), é fundamental uma profunda reconstrução das engrenagens sociais, por meio de ações contra-hegemônicas na promoção de práticas inovadoras e na disseminação de experiências alternativas, centradas no respeito à singularidade e na produção constante de subjetividade, gerando autonomia e articulação com a sociedade como um todo.

Diante disso, é relevante desconstruir nossa visão técnico-científica para construir uma atuação humanizada, promovendo a saúde integralmente, mediante uma religação do ser humano com suas necessidades e as da natureza, como apresentado abaixo:

> É importante despertar nossa sociedade anestesiada para recordá-la da natureza. Para alguns é ao mesmo tempo maravilhoso e terrível ter que recomeçar a se preocupar com a natureza, pois isso é também descobrir qualquer coisa inerte em si até então que revive. Sim, existe uma metodologia ecológica, que não é nem profética, nem militante, nem intelectual. É o degelar de um pensamento entediado e o despertar de sensações anestesiadas, é a conversão das consciências a um mundo familiar ao qual não prestávamos mais atenção, que não víamos mais por força do hábito. Tudo é bom se faz bem (MOSCOVICI, 2007, p. 36).

A partir das reflexões propostas por Guattari e pelas linhas teóricas apresentadas no campo da psicossociologia por Moscovici, proponho, então, uma forma de atuação que contemple as múltiplas facetas dos atores envolvidos no processo. Alicerçadas na abordagem integral, as tecnologias podem ser implementadas por meio de um ponto de vista que contemple a reconexão dos indivíduos com a natureza, com seus coletivos e consigo mesmos. A figura a seguir (figura 2) apresenta essa abordagem voltada ao campo das soluções baseadas na natureza e do saneamento ecológico:

Figura 2: Abordagem Integral para saneamento em comunidades rurais e tradicionais

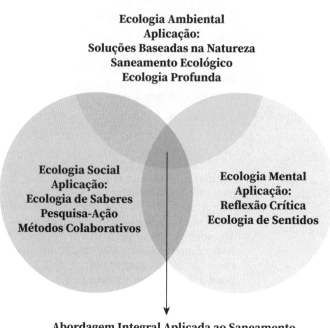

Abordagem Integral Aplicada ao Saneamento

Conclui-se que para implementar ações efetivas no campo do saneamento é necessária uma abordagem integral que promova: uma ecologia ambiental pela reconexão com a natureza e seus processos de transformação; uma ecologia social, que promova a inclusão dos grupos atendidos através da valorização e inclusão de todos os saberes inerentes àquela questão utilizando métodos colaborativos; e uma ecologia mental, que promova um diálogo efetivo, com respeito à singularidade de cada indivíduo.

Com relação à ecologia ambiental, a utilização de práticas de SBN, saneamento ecológico e ecologia profunda, reconectam o ser humano com os ciclos da natureza, propiciando uma sinergia e valorização da natureza como produtora de insumos a partir dos resíduos.

No campo da ecologia social, quando se trabalha no território, é importante aproveitar a sabedoria de todos os envolvidos, pois a sinergia do conhecimento coletivo propicia a materialização de novas soluções não visualizadas por cada indivíduo isoladamente. Cabe ao facilitador, atuar como pesquisador e otimizador do processo de trocas, não tomando o leme e decidindo pelo grupo. Deve-se propiciar um processo com o uso de métodos colaborativos, com espaço para construção e desconstrução de todos os envolvidos, principalmente os facilitadores, por precisarem se abrir para compreender que as melhores soluções não são apenas técnico-científicas, mas estão dentro dos atores locais de cada contexto, pelos mesmos terem um conhecimento aprofundado da natureza, sua cultura e das condições do território. A ecologia dos saberes promove a participação das pessoas atendidas e de todos os demais atores envolvidos.

Contudo, ao trabalhar com pesquisa-ação e Dragon Dreaming, métodos que propiciam a inclusão e o empoderamento dos indivíduos participantes, cabe um olhar expandido para propiciar uma cooperação intrasetorial e intersetorial. Ou seja, ao atuar em projetos de saneamento é importante mobilizar os atores do território: agentes facilitadores, comunitários, órgãos públicos, órgãos ambientais fiscalizadores, órgãos financiadores e sociedade civil. Assim, a sinergia da ecologia de saberes propicia crescimento pessoal para cada ator e amplia os resultados obtidos no território, além de trazer uma compreensão para cada envolvido de que a sabedoria não está em nossa mente, mas *in media res*, entre os pares.

Ao abordar o campo da ecologia mental, a ecologia de sentidos e o estabelecimento de um diálogo genuíno e profundo humaniza as trocas de saberes em projetos, respeitando o ponto de vista de cada indivíduo e atuando no campo da desconstrução das identidades coletivas. Ainda, a reflexão crítica desenvolvida a partir de uma reflexão da prática e o acolhimento das dificuldades individuais que emergem nos diversos contextos propicia um cuidado da relação "oprimido-opressor", que habita cada contexto social, mas também os desafios internos. Assim, se o intuito é atuar com pessoas para construir um desenvolvimento local, todas as partes de cada indivíduo devem ser incluídas. Ou seja, tanto suas contribuições positivas quanto as suas dificuldades. De fato, quando se cria o espaço para incluir e ouvir as dificuldades, aí o projeto e as pessoas podem ver os pontos-cegos de cada ação e aprender conjuntamente, para fazer diferente.

Alinhada aos novos paradigmas apontados, a noção de interesse coletivo deve ser ampliada a empreendimentos que a curto prazo não trazem proveito quantificável, mas a longo prazo portam enriquecimento processual para a humanidade como um todo (GUATTARI, 1990).

A abordagem integral e as metodologias apontadas favorecem o diálogo nas diversas dimensões: o saneamento ecológico pode propiciar um religar e o diálogo do ser humano com a natureza; a pesquisa-ação e a ecologia de saberes podem promover o diálogo entre os diversos atores coletivamente; já a ecologia dos sentidos e seus desdobramentos podem propiciar a formação de novas visões de mundo dentro de cada indivíduo, o que impacta na ecologia mental dos mesmos, gerando desidentificação do coletivo e uma transformação individual e pessoal. A partir dessa congregação de abordagens, pode-se propor, tendo como ponto de partida o dialogismo, uma maior autonomia de reflexão para todos os atores envolvidos, maior pertencimento e compreensão do outro e consequentemente uma maior disponibilidade para cooperação.

No entanto, para estabelecer uma ecologia mental a partir da subjetividade de todos os indivíduos, cabe a reflexão crítica e a ecologia de sentidos que promovem, respectivamente, um olhar singular para o desenvolvimento de uma conscientização por meio da práxis e a construção de sentidos coletivos, por meio de uma escuta ativa das imagens de mundo de cada indivíduo.

Conclui-se que a adoção de uma abordagem integral: transversal, transdisciplinar e intersetorial, para saneamento e projetos comunitários, apresenta caminhos mais inclusivos e adequados ao território e promove uma maior satisfação e aprendizado para todos os envolvidos, a partir da compreensão de que, sozinhos, sabemos muito pouco.

Neste sentido, uma ecosofia, que embaralhe e integre a tripla visão ecológica, deve e pode substituir as antigas formas de engajamento associativo, promovendo processos de subjetivação e ressingularização que permitam aos indivíduos se tornarem a um só tempo solidários e cada vez mais diferentes. Portanto, cabe realizar projetos de forma territorializada, envolvendo as questões ambientais, sociais, culturais, locais e individuais e desde o início cabe um conhecimento profundo de cada território inspirado em uma escuta profunda.

A partir dessa ecosofia tripla de Guattari, como você pode repensar a sua relação com as SBN e o desenvolvimento local?
1. O que você poderia trazer que agregaria nos seus projetos um olhar mais humano e conectado com a natureza?
2. Como você poderia estruturar melhor esse caminho?

É a partir dessas perguntas que podemos começar a discutir metodologias colaborativas para atuar com as pessoas, como faremos nos capítulos a seguir.

OFICINA NO OTSS
FOTO: EDUARDO NAPOLI

4.

QUAL O CAMINHO PARA ENVOLVER TANTO AS PESSOAS QUANTO A NATUREZA?

> "Não sou eu quem me navega
> Quem me navega é o mar
> Não sou eu quem me navega
> Quem me navega é o mar
> É ele quem me carrega
> Como nem fosse levar"
>
> Paulinho da Viola - Timoneiro

O desenvolvimento local deve propor um caminho metodológico de participação social, para que se possa efetivamente dialogar com o território e isso significa envolver as pessoas, como discutido no capítulo passado. Assim, pensar em ferramentas para se atuar no campo da ecologia social, valorizando os atores locais é crucial, seja no campo da pesquisa ou da ação.

Como discutido, no campo da pesquisa, a linha metodológica que mais se assemelha à participação social é a da pesquisa-ação, por promover um processo de reflexão atrelado à intervenção, podendo ser facilmente adaptada e modelada a cada contexto. Ainda, no campo da ação, atuar com métodos colaborativos propicia o engajamento das pessoas, por fomentar uma escuta profunda.

E se pudéssemos integrar essas duas linhas de pensamento para fomentar a participação e a reflexão ao longo de todo o processo? Ou melhor, como podemos nos ouvir melhor para caminhar juntos? Essa foi e é uma das minhas inquietações acadêmicas para transformação social.

Foi baseado no meu envolvimento, tanto no campo da pesquisa participativa quanto dos métodos colaborativos, que redesenhei minha forma de interagir com o mundo e hoje tento, nem sempre consigo, implementar a abordagem integral, para encaixar o diálogo contínuo com todos os atores em cada processo. Diante disso, apresento um caminho metodológico de pesquisa-ação para se pensar intervenções de SBN e saneamento ecológico, envolvendo os atores locais.

Como apontado por Freire (1983), para gerar reflexão crítica nos oprimidos e nos opressores, é primordial incluir as vozes das populações impactadas pela escassez de serviços e direitos públicos, para que as soluções possam emergir de um novo devir, de uma vontade social.

Associado a essa questão, frequentemente, se desconsidera que os produtores e moradores rurais possuem potencialidades próprias em matéria de geração de técnicas apropriadas às suas condições econômicas, integradas com a capacidade de aprender e contribuir para a adaptação de técnicas existentes (THIOLLENT, 2011). Ainda, de acordo com Paulo Freire:

> Subestimar a capacidade criadora e recriadora dos camponeses, desprezar seus conhecimentos, não importa o nível em que se achem, tentar "enchê-los" com o que aos técnicos lhes parece certo, são expressões, em última análise, da ideologia dominante (FREIRE, 1982, p. 26).

Inclusive, se esse panorama cativa você, eu recomendo ver o TED "O perigo de uma história única" da Chimamanda Adichie, disponível no Youtube. Esse filme me propiciou repensar o valor dos saberes e das histórias locais e questionar que história eu tinha construído internamente com relação à tecnologia, com uma visão hegemônica, e como ela poderia estar mais contextualizada com as pessoas e com a natureza, para realmente proporcionar um desenvolvimento local.

Partindo desse pressuposto e da conscientização na perspectiva de Freire (1983), é fundamental não só incluir as vozes dos oprimidos, mas o lugar da reflexão e da ação, para construir uma forma de se reinventar, a partir de soluções em seus próprios territórios.

Neste caminho, atualmente muitos países tendem a experimentar a pesquisa participante, exatamente por perceberem que as questões tecnológicas não se limitam ao aspecto de difusão ou adoção de técnicas prontas (THIOLLENT, 2011), mas de transposição de sabedoria, fundamentado no respeito às características, sociais e culturais de cada grupamento humano (FREIRE, 1983).

Assim, ações de desenvolvimento local devem ter o compromisso de propor uma linha de ação avessa às ações hegemônicas de produção e consumo, que atualmente estão enraizadas nas tecnologias convencionais, as quais muitas vezes não consideram os povos como detentores das respostas dentro de si, para garantir sua própria qualidade de vida. Não só no campo das ações, mas também na pesquisa, muitas vezes percebo a complexidade de incluir os saberes tradicionais e os povos como atores e pesquisadores de seu próprio modo de bem viver.

Nesse contexto, a pesquisa-ação (MORIN, 2004; DIONNE, 2007; THIOLLENT, 2011) pode produzir a interação necessária entre pesquisadores/interventores e comunitários/sociedade civil, desde o planejamento das ações, seguindo pela execução das mesmas, até a etapa de avaliação, promovendo uma horizontalidade na construção das ações a partir de uma inteligência coletiva. Cabe ressaltar que a "ecologia de sentidos" propõe o diálogo para fomentar essa construção de sentidos entre os diversos indivíduos, compreendendo que a inteligência acontece *in media res*, por meio da comunicação entre os sujeitos, para propiciar novas visões compartilhadas (CAMPOS, 2014).

Reconhecer o protagonismo dos atores locais é um belo discurso, todavia, na maioria das vezes, uma rara prática. Se você chegou até esta parte do livro, suponho que compartilhe comigo que a transformação começa pela participação.

Com base nessa perspectiva, podemos refletir juntos sobre a facilidade de se falar em participação e a dificuldade de conduzir processos horizontais na prática, ao longo de um projeto. Proponho a você o seguinte exercício de reflexão, escrevendo, para poder registrar suas impressões:

1. **Quando você realizou uma pesquisa ou ação de desenvolvimento local, você perguntou para as pessoas antes o que elas queriam?**

2. **Se não, como foi a interação com essas pessoas ao longo do projeto?**

3. **Se sim, o que fez com as informações que recebeu?**

4. **Como, até hoje, você envolveu as pessoas nos seus projetos e ações?**

Escreva suas respostas para poder refletir sobre a sua prática junto comigo.

Ao trabalhar com pessoas precisamos compreender que, assim como a vida, os projetos são abertos e mudam nas interações e nos aprendizados que permeiam cada grupo social. Então precisamos cuidar dos processos de uma forma orgânica, não linear, compreendendo que cada ambiente/território gera muitas interações e carece de uma abordagem sistêmica para se entender melhor o todo, como proposto na pesquisa-ação. Inclusive no capítulo 5 discutirei um método colaborativo que pode ser adaptado e fornecer ferramentas para incluir as vozes de todos.

A pesquisa-ação: uma abordagem não-linear

A pesquisa-ação tem origem na pesquisa participante, desenvolvida por pesquisadores sociais norte-americanos no início do século XX e se diferencia porque pretende, além da participação das pessoas envolvidas no tema, a construção de ações, coletivamente, comprometidas com uma transformação da situação, o que promove uma aprendizagem mútua entre pesquisador e participantes ao longo de todo o processo (SIMAS, 2013).

Para Lewin, o alicerce da pesquisa-ação é a compreensão, por parte dos pesquisadores, que para realmente integrar o processo social, os mesmos não devem apenas estudar, mas se engajar em contextos e realidades práticas, que modificam uma situação social ou psicossocial, assim emergindo aprendizados reais coletivamente (SCHARMER, 2009 apud SIMAS, 2013).

A partir dessa percepção, a pesquisa-ação pode ser definida como um tipo de pesquisa social com base empírica, que é concebida em estreita associação com a resolução de um problema coletivo, no qual pesquisadores e participantes representativos se envolvem de modo cooperativo e participativo (THIOLLENT, 2011). Neste sentido, para caracterizar uma pesquisa-ação é importante que a ação não seja trivial, mas problemática, carecendo de pesquisa para sua condução e sistematização. Ainda, a ênfase em uma pesquisa-ação pode ser dada em três aspectos: i) resolução de problemas; ii) tomada de consciência; ou iii) produção de conhecimento (THIOLLENT, 2011; DE SOUZA, 2017). Quando bem conduzida, com amadurecimento metodológico, é possível alcançar todos os aspectos simultaneamente promovendo ganhos nos campos teórico e prático.

Neste sentido, o grande diferencial da pesquisa-ação é uma pesquisa na qual tenham pessoas implicadas em algo a "dizer" e a "fazer". Não se trata de levantamento de dados, mas de um pesquisador que se pauta na ação e na interação com os demais participantes para construção da ação e tomada de consciência (THIOLLENT, 2011). Segundo Barbier (2007), a pesquisa-ação obriga o pesquisador a se implicar, servindo de instrumento para mudança social.

Na pesquisa-ação o pesquisador descobre que não se trabalha sobre os outros, mas com os outros. Assim, existem inúmeros autores sobre a temática da pesquisa-ação. No Brasil, Thiollent (2011) consolidou e traduziu diversos textos apontando abordagens de autores reconhecidos no plano internacional, os quais atuam com linhas que colocam a comunidade na investigação e que me inspiraram como: Hugues Dionne (2007), do Quebec, que aborda a pesquisa-ação local aplicada, e André Morin (2004), que traz a pesquisa-ação integral e sistêmica (PAIS), com foco educacional. Esses autores apresentam experiências em vários contextos locais e educacionais, de forma convergente, mesmo que com nomenclaturas diferenciadas, os quais apontam contornos expressivos para a estruturação da minha abordagem.

Como Morin atua no campo educacional, baseado na integração de muitas dessas visões com a conscientização de Paulo Freire, esta abordagem contribui de forma mais acentuada à concepção da autonomia. Por isso, a abordagem da PAIS me inspira, porque percebo a necessidade de um cunho educativo na construção do saneamento e das SBN, ao longo de todo o processo.

> **Na pesquisa-ação o pesquisador descobre que não se trabalha sobre os outros, mas com os outros.**

Neste caminho, segundo Simas (2013), os envolvidos devem ser compreendidos como sujeitos constituintes no processo e não objetos de pesquisa, já que o objetivo a ser atingido é a autogestão e participação da comunidade ou grupo social envolvido. A partir dessa abordagem, as ações de uma pesquisa-ação normalmente são conduzidas por uma equipe, coletivamente. Como as soluções emergem baseadas na relação entre todos os envolvidos, muitas são tomadas intuitivamente, ou heuristicamente, sem ordem lógica.

Ainda, Dionne (2007) aponta o fato das soluções emergirem por intuição, por criatividade coletiva e pela experiência adquirida nos grupos. Thiollent (2011) corrobora com este posicionamento, ao abordar não haver neutralidade por parte dos pesquisadores e dos atores, mas resultados a partir de deliberações tomadas por consenso, após discussão dos pontos coletivamente.

Com base nesse viés, um grande avanço é o fato das decisões e ações emergirem dos participantes. Assim, o aspecto operacional e de coleta de dados se apoia em procedimentos cíclicos e em técnicas sequenciais que ocorrem simultaneamente ao longo de todo o processo, tornando a linearidade do processo frequentemente contestada na prática (DIONNE, 2007). Neste sentido, idas e vindas são sempre necessárias, de acordo com a mudança de consciência que acontece no processo. Um ciclo característico é o planejamento, seguido da implementação, na qual se coleta os dados pertinentes, posteriormente descrevendo os mesmos e avaliando as mudanças, para a melhora da prática em si (TRIPP, 2005), como demonstrado abaixo:

Figura 3: Representação em quatro fases do ciclo básico da investigação-ação

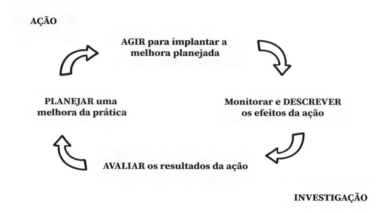

Fonte: TRIPP, 2005.

A partir do ciclo, demonstra-se que o processo de pesquisa-ação se dá na convergência da ação com a pesquisa, na qual uma amplifica e otimiza a outra, em um ciclo que se repete ao longo do processo. Há diversas aplicações da pesquisa-ação, para além do ciclo proposto, que se mantém como alicerce, porque há muitos modos de utilizar o ciclo e executar cada uma das quatro atividades. Desta forma, é importante adequar o método a cada território e problema, de forma a contemplar os objetivos e circunstâncias de cada situação. Como apontado, a partir das diversas abordagens, pode dar suporte a diversos tipos de intervenção (DE SOUZA, 2017).

O ponto importante é compreender que as ações ocorrem com base nas pessoas envolvidas no processo e que, por isso, muitas vezes, as fases não são lineares, ocorrendo simultaneamente, separadamente, ou seja qual for a ordem, de acordo com cada contexto, já que há um ritmo de cada situação.

Assim, o próprio desenho dessa metodologia se dá a partir da compreensão da fluidez do processo, da coleta de dados em campo e do desdobramento dos marcos da pesquisa-ação, partindo das fases de implementação percebidas pela própria equipe como importantes ao longo da trajetória. Como a proposta de Dionne (2007), a partir de um fractal, cada capítulo desse livro representa uma volta na espiral, com seus aprendizados coletivos que se interconectam.

Este fato demonstra a importância de compreender essa forma de atuação, nas singularidades de cada território e cada pesquisador. Logo, como a pesquisa-ação é voltada para os atores em si, o ponto importante é que os métodos definidos sejam adequados aos objetivos, práticas, participantes e situações abordadas (TRIPP, 2005). Para além disso, como a pesquisa muda a ação, e vice-versa, a cada ciclo, cabe repensar também a metodologia e a coleta de dados a cada fase da pesquisa-ação, fato percebido ao longo de meu percurso metodológico, durante as imersões em campo no meu projeto de doutorado com saneamento ecológico e em outros projetos com SBN e desenvolvimento local que atuei.

Ao longo da condução do meu doutorado, percebido que para atuar com pesquisa-ação com SBN e saneamento ecológico, a própria prática mostrou-se mais adequada a uma teoria específica, advinda de Morin (2004), o qual aborda a pesquisa-ação a partir de uma visão integral e sistêmica, como veremos juntos.

A Pesquisa-Ação Integral e o comunitário como pesquisador:

Pela proximidade dos preceitos e reflexões de Paulo Freire a respeito da conscientização e educação popular, que Morin (2004) amplia o conceito de pesquisa-ação para um método integral, para que os atores sejam efetivamente implicados na pesquisa ao longo de todo o processo.

É fundamentado na compreensão de que o pesquisador é ao mesmo tempo ator e de que os atores são simultaneamente pesquisadores, que se dá a quebra de barreiras, em que o saber emerge efetivamente da reflexão de todos os envolvidos. A partir dessa inter-relação, todos se tornam responsáveis, emergindo uma relação coletiva de cooperação e comprometimento.

A visão da pesquisa ação integral surge dessa forma de ação, que contempla todos os atores envolvidos, diretamente e indiretamente.

Neste caminho, o pesquisador principal consiste em um facilitador, que promove a troca sistematizada de informações perante todo o grupo. Dessa forma, o mesmo será moderador do projeto e atuará cercado de atores-pesquisadores no campo. A partir dessa postura, o diálogo com um ou vários pesquisadores considerará a preocupação com a práxis como sendo prioritária, com vistas à construção de um saber prático. É desta prática que poderá surgir uma teorização, em constante renovação (MORIN, 2004). Como apresentada, "a pesquisa-ação integral (PAI), na qual os pesquisadores e atores atuam conjuntamente, implica em participação cooperativa e pode levar até a cogestão" (MORIN, 2014, p. 60).

> **Cabe construir um modo dialógico de engajamento permanente, articulando as estruturas do saber moderno/científico/ ocidental às formações nativas/locais/tradicionais de conhecimento, para assim formar uma constelação de saberes.**

A partir da PAI, tem-se um conceito da inteligência coletiva em si, não como a produção de um indivíduo, mas como compreendido por Bateson (2000), um fluxo de informações que ocorre incluindo os demais indivíduos (SIMAS, 2013). Uma forma de fazer isso, que será abordada mais à frente, é utilizar os métodos colaborativos para instrumentar os pesquisadores no processo.

Essa atuação está embasada na ecologia de saberes (SANTOS, 2008), a qual aponta a necessidade de contemplar a pluralidade de um território por sua diversidade epistemológica, ontológica e cultural. Nesse sentido, cabe construir um modo dialógico de engajamento permanente, articulando as estruturas do saber moderno/científico/ocidental às formações nativas/ locais/tradicionais de conhecimento, para assim formar uma constelação de saberes. A utilização da ecologia de saberes nas ações de desenvolvimento local, SBN e saneamento ecológico propicia o respeito à diversidade cultural e ao conhecimento tradicional, tornando o processo de aprendizagem gerador de autonomia, mediante reconhecimento das pessoas pertencentes ao território. Logo, o processo de construção coletiva fica aberto à discussão e cooperação, fomentando a participação social e a valorização de todos os saberes.

Essa percepção proporciona uma real inclusão dos comunitários como pesquisadores nas ações, por meio de uma equipe multidisciplinar, e da construção das soluções a partir da dialética do diálogo e da inteligência coletiva, visando à cogestão.

Com base em um contrato aberto e um diálogo esclarecido, as soluções são cocriadas pela inter-relação da equipe entre si, com a comunidade e com os demais atores envolvidos no território, levando em conta os encontros e oficinas coletivas. Cabe ressaltar que para condução de uma pesquisa-ação é crucial realizar, ao longo do processo, visitas ao campo de estudo/intervenção, trazendo essa abordagem dialógica em todo o percurso e presença no campo.

A Pesquisa-ação Integral e Sistêmica (PAIS) e a modelagem dos processos

A pesquisa-ação integral e sistêmica (PAIS) é uma metodologia que utiliza o pensamento sistêmico e participativo, sendo democrática e tendo por finalidade a mudança estratégica ou planejada em espirais sucessivas, tendo como ponto de partida a interação com o território que é vivo e de uma escuta profunda de todos os *feedbacks* recebidos. Neste caminho, a modelagem sistêmica é intencional, destinada a tornar mais inteligível um fenômeno complexo, construindo-o por composição de conceitos, de redes e de modelos, de modo a alimentar o raciocínio do pesquisador que projeta uma intervenção deliberada no centro desse fenômeno (MORIN, 2004).

Essa modelagem com um olhar sistêmico é composta não só pelos olhares de todos os atores envolvidos na pesquisa, mas da inteligência coletiva que emerge a partir do diálogo nas trocas. Na medida do possível, os resultados das deliberações são por consenso (THIOLLENT, 2011), que significa tomar as decisões coletivamente considerando todas as vozes.

Esta tomada de decisão por consenso, alinhada com uma avaliação coletiva e modelagem de cada fenômeno, baseado nos *feedbacks* do ambiente, deve permear todo o processo, como um dos alicerces da condução da PAIS.

É a partir dessa perspectiva que eu te proponho refletir. Quando você facilita ou atua em um trabalho coletivo, como conduz os diferentes pontos de vista? Eu te convido a pensar sobre a tomada de decisões em projetos coletivos, escrevendo:

1. Quando você está em uma reunião, como são normalmente as deliberações? Como as decisões são tomadas?
2. Você sente que há uma escuta profunda e as tomadas de decisão são democráticas?
3. Percebe uma dominação das vozes e um direcionamento por parte de certas pessoas com maior ranking social?
4. Como a tomada de decisões poderia ser diferente nos projetos em que você participou?

Escreva suas respostas para poder refletir sobre a sua prática junto comigo. Tomar decisões valorizando os diversos saberes não é simples e nem fácil, mas definitivamente nos tira do caminho convencional, trazendo inovações para os projetos. Se efetivamente queremos trabalhar com projetos coletivos de forma participativa/colaborativa, como lidar com essas diversas interações?

É exatamente essa realidade complexa baseada na inter-relação, sob a forma de múltiplas construções mentais, na qual os pesquisadores e o objeto de pesquisa se confundem, e em suas interações, que emergem soluções não pensadas previamente, refinadas no plano da hermenêutica e comparadas dialeticamente, sob as quais se estabelece um novo consenso. No processo da PAIS, os atores investem seus valores subjetivos no diálogo destinado à modelagem coletiva, alicerçado na triangulação dos dados obtidos por diversas técnicas e na comparação dos diversos pontos de vista. A partir dessa abordagem, os atores são colocados em relação e é instaurado um vaivém entre a reflexão e a ação, na modelagem do fenômeno e na busca de estratégias para solucionar os problemas à medida que emergem (MORIN, 2004).

Contudo, em um projeto de PAIS é complicado separar as fases, já que os elementos estão em interação, em geral, havendo sobreposição das etapas. No caso particular da pesquisa social e psicossocial, os fenômenos não possuem o caráter de perfeita repetibilidade (THIOLLENT, 2011), havendo necessidade de registrar os principais momentos, para poder reconstruir, compreender e publicizar a pesquisa (MORIN, 2004).

O processo de acompanhamento da PAIS, com diário de campo contínuo e coletivo, permite aos pesquisadores e comunitários pertencentes a intervenção, a coleta de informações dentro da equipe e no diálogo com o ambiente, para com base na construção de um mosaico das percepções, compreender melhor o fenômeno, com um olhar sistêmico, percebendo as interações.

A partir da ecologia de saberes aplicada à PAIS, a equipe multidisciplinar composta por pesquisadores e comunitários está no centro da *demarché* de interações entre o fenômeno modelado e o modelo (MORIN, 2004), considerando o uso de diários de campo ou/e outras formas de coleta de informação, como atas e registros das reuniões e das discussões coletivas, ainda com a utilização de ferramentas de coleta de dados coletivas, como o mapa falante, entre outras.

Com essa abordagem, cada projeto se vincula à narração da prática do ator-pesquisador ao longo do projeto, considerando cada espiral do processo educativa. Assim, pode-se registrar e avaliar os *feedbacks* do ambiente por meio da coleta dos dados de aprendizagem, dentro da equipe e no ambiente, incluindo a comunidade e os atores envolvidos.

Como apontado por Morin (2004), a PAIS foca na equipe atuante e nas experiências objetivas e subjetivas de cada indivíduo participante. Essa abordagem propicia uma modelagem que considera as vozes dos atores-pesquisadores-comunitários envolvidos ao longo do processo. Assim, posteriormente, há a possibilidade de construir coletivamente uma modelagem, que possa ser compreendida e estudada, para transpor em outros territórios e situações, sempre respeitando as questões subjetivas e sociais de cada grupamento populacional.

Esse tipo de modelagem, sistêmica, atenta aos *feedbacks* do ambiente, incluindo os internos, se desvincula da linearidade para poder interconectar as partes, inferindo como a abordagem de fractal de Dionne (2007), que não se pode compreender as partes sem o todo e vice-versa. Desta forma, a modelagem dos fenômenos do processo pode se dar baseado na construção e da coleta de informações, coletivamente, a partir de diários de bordo dos atores durante observação participante das atividades de diálogo, discussão, planejamento, construção e avaliação. Ainda, podem ser utilizadas ferramentas participativas, como: mapa falante, grupo focal, painel integrado, World Café, jornal comunitário, cartografia social, Photovoice, Dragon Dreaming (criação colaborativa de projetos) entre outras, sempre compreendendo que cada atividade e diálogo tem cunho pedagógico para todos os envolvidos.

Se você não conhece essas ferramentas participativas, eu te convido a se aprofundar, tanto na teoria quanto na prática, porque cada uma delas abre um leque de possibilidades para fomentar a coleta de informações e o protagonismo social. Falaremos bastante sobre o Dragon Dreaming no próximo capítulo.

Na PAIS, cada projeto se vincula à narração da prática do ator-pesquisador em todo o processo, considerando o mesmo um projeto educativo e em cada espiral do processo, pode-se avaliar para coletar os dados de aprendizagem, dentro da equipe e no ambiente, incluindo a comunidade e os atores envolvidos, por meio de reuniões de apresentação e avaliação do processo.

Compreendendo então que o modelo da PAIS consiste numa coleta de informações diferenciadas compreendendo a visão de mundo de cada indivíduo e a construção de um mosaico compartilhado, essa metodologia converge com a ecologia de sentidos e com a percepção de que a inteligência ocorre *in media res,* na comunicação entre os diferentes.

A partir dessa abordagem, eu te pergunto, como você tem coletado as informações nos projetos que participa de desenvolvimento local? Pegue um papel e escreva para refletir sobre o seu processo.

1. **Como você coleta informações nos seus projetos?**
2. **Você contempla o olhar humano e como as pessoas se transformaram?**
3. **Como consegue mapear o que realmente aconteceu para sistematizar a experiência?**
4. **Como poderia fazer isso envolvendo cada um da equipe horizontalmente?**
5. **Após ler e refletir sobre essas perguntas, sente que poderia fazer algo diferente?**

A metodologia em espiral

Para se atuar de forma mais participativa e colaborativa na pesquisa-ação, proponho os três alicerces apontados acima: a) compreensão da não linearidade da pesquisa-ação, com respeito aos fluxos e tempos do território, com apresentação dos dados em fractal, a partir de cada marco de desdobramento de um projeto, com realização do processo em espirais, retomando e revendo os passos constantemente, b) inclusão dos comunitários como pesquisadores, considerando a PAIS e a "ecologia de saberes", com a atuação a partir de um "ator coletivo", de uma equipe multidisciplinar ao longo de todo o processo, com foco no diálogo e na tomada de decisões por consenso c) modelagem sistêmica do processo baseado na inclusão do olhar de todos os atores envolvidos, com observação participante, construção de diário de campo, utilização de metodologias participativas/ colaborativas adequadas a cada contexto, e avaliação constante do processo.

Como a abordagem metodológica da pesquisa-ação acontece em ciclos (TRIPP, 2005), o passo a passo da metodologia deve ser revisto a cada fase, para a partir do reconhecimento das alterações necessárias, retomar certas etapas do projeto. Por essa postura de abertura ao ambiente e as interferências que ocorrem ao longo do desenvolvimento da ação e da pesquisa, a própria metodologia deve ser aberta, apresentando um roteiro condutor das ações e alicerces de suporte à tomada de decisão. Contudo, a própria metodologia se transforma ao longo do trajeto coletivo, por sua abordagem sistêmica e integral, que contempla os olhares dos atores-pesquisadores.

Dessa forma, tendo como base a abordagem metodológica em espirais, descrita por Dionne (2007), a qual aborda casa fase como um fractal, que se interconecta com as outras partes sistemicamente, o autor apresenta as quatro fases principais do processo de pesquisa-ação: 1) identificação das situações iniciais; 2) projetação da pesquisa e da ação; 3) realização das atividades previstas e 4) avaliação dos resultados obtidos.

Tomando como referência as fases propostas por Dionne, a coleta de dados e a avaliação sistêmica devem ocorrer ciclicamente e exponencialmente ao longo de todo o processo, de acordo com as fases de um projeto, as quais não ocorrem linearmente em todas as suas conduções. No campo do desenvolvimento local e da atuação com SBN, proponho um fluxo que pode e deve ser alterado de acordo com os atores daquela localidade: a) revisão bibliográfica; b) conhecimento de experiências práticas em outros locais; c) construção de propostas/soluções com discussão coletiva; d) uso de ferramentas participativas/colaborativas para discussão das possibilidades com os atores locais; e) implementação das ações coletivamente; f) observação participante ao longo de todo o processo com construção de diário de campo; g) discussão periódica com avaliação coletiva dos resultados; h) rodas de conversa e oficinas de trabalho para apresentação e discussão dos resultados; i) reconhecimento e redesenho dos projetos e soluções, levando em conta os diversos olhares e as experiências práticas, por meio de técnicas qualitativas (condução de entrevistas semiestruturadas, ou questionários, ou grupos focais, mapa falante, cartografia social, entre outras), no início e no final do projeto, para compreender o impacto do que foi feito; j) modelagem dos processos partindo de uma visão sistêmica, contemplando as narrativas envolvidas; e k) avaliação, coletiva e/ou individual, para reconhecimento do que foi feito, dos desafios e das oportunidades por meio do diálogo em reuniões sistematizadas com os diversos atores locais.

Cabe ressaltar que todas as atividades propostas trazem um cuidado com as relações e com as pessoas ao longo do processo, mas não devem ser replicadas diretamente e sim discutidas em cada contexto, para saber o que faz sentido, o que não precisa ser utilizado e o que deve ser adaptado.

Algumas das atividades e métodos de coleta de dados qualitativos para trabalhar essa questão da inclusão humana são apresentadas a seguir para descrever com profundidade o roteiro metodológico desenvolvido, de forma a garantir uma "estrutura de aprendizagem conjunta".

As ações de planejamento, construção, educação, avaliação, revisão bibliográfica e coletivização da pesquisa podem ser conduzidas ciclicamente em espiral, com sistematização e apresentação dos resultados a cada marco importante, possibilitando uma compreensão contínua do processo. Realizar avaliação coletiva após cada ação em um processo de atuação intersetorial propicia também uma revisão da abordagem coletivamente, para criar novas formas mais adaptadas à natureza e aos atores locais, atendendo às necessidades inerentes da tecnologia social selecionada e dos indivíduos. Para isso, deve-se coletar informações com a equipe interna, com a comunidade e com os atores locais.

Percebi, pela minha experiência ao atuar com SBN, a necessidade do uso de ferramentas qualitativas, participativas e individuais (como as entrevistas semiestruturadas), ao longo dos projetos de desenvolvimento local, para uma compreensão do olhar da comunidade. Pois, se vamos atuar no campo das Soluções Baseadas na Natureza, é importante compreender as necessidades das pessoas, suas inquietações, para gerar um envolvimento e, principalmente, para desenvolver ações que se adequem tanto às pessoas quanto à natureza.

A partir dessa abordagem, como você pensa o passo a passo para realizar as ações de um projeto? Pegue papel e escreva para refletir sobre o seu processo.

1. **Como você define o que deve ser feito em um projeto de desenvolvimento local?**
2. **Você discute as ações com a sociedade civil e envolve as pessoas na reflexão correlacionando com as questões culturais daquela localidade?**
3. **Como você poderia definir o que faz sentido ou não, para além do que você entende como certo ou errado?**
4. **Como compreender as diferentes percepções de cada ator e se permitir a dialogar com todos?**

Coleta de dados

Como a pesquisa-ação é um método não linear que compreende as múltiplas visões dos atores envolvidos, é importante estruturar uma metodologia de análise qualitativa, que possa abranger a diversidade, mas também garantir uma boa coleta de dados. Thiollent (2011) aponta como principais técnicas, as entrevistas individuais e/ou coletivas, questionários convencionais, análise de documentos já elaborados e técnicas antropológicas, como a observação participante, os diários de campo e as histórias de vida.

A observação participante é uma importante estratégia de pesquisa etnográfica concebida para dar ao pesquisador uma abordagem íntima com determinado tema por meio do envolvimento com as pessoas em seu território natural. Afinal, como Simoni (2000) destaca: "é preciso ver para entender, vivenciar para conhecer e habitar o modo de vida, para poder se comunicar com certa comunidade".

Em geral, a observação participante envolve uma série de técnicas (BONATTI, 2016). Advinda da antropologia, a construção do diário de campo, ou diário de bordo, pelos pesquisadores-atores propicia uma visão sistêmica de cada situação abordada. O diário de bordo se torna um instrumento privilegiado porque é uma extensão das reflexões dos atores sobre os fatos relatados, podendo se extrair as compreensões do momento (MORIN, 2004).

> **Simoni (2000) destaca: "é preciso ver para entender, vivenciar para conhecer e habitar o modo de vida, para poder se comunicar com certa comunidade".**

Todavia é preciso ter atenção no uso dessas técnicas, as quais foram concebidas unilateralmente, sem diálogo, com visão autoritária baseada na visão do pesquisador onipotente, definidor da objetividade a partir da monopolização da categorização e da interpretação dos dados (THIOLLENT; OLIVEIRA, 2016). Dessa forma, para uso da observação participante e do diário de campo, é importante utilizar formas mais dialógicas e horizontais, para coleta de informações e análise dos dados.

Como todo o processo deve ser considerado educativo, privilegia-se o uso de ferramentas que favoreçam o diálogo e a expressão de todos os atores em presença. Os pesquisadores-comunitários podem ser estimulados a terem diários de campo ou outras formas de captação de informação e percepção, como o uso de mensagens telefônicas para guardar as percepções no trabalho em campo ou envio de mensagens de áudio para armazenar as informações em grupo digital coletivamente. Assim, o próprio grupo de *Whatsapp* pode ser visto como um grande diário de campo, capaz de trazer as percepções da equipe.

Ainda, as técnicas e ferramentas qualitativas coletivas são muito importantes. Além de extrair informações, essas atividades geram conexão, reflexão crítica e reconhecimento dos indivíduos dentro do coletivo.

Como forma de garantir uma interpretação dos dados com tomada de decisão horizontal, a equipe pode se reunir para discutir/avaliar as informações de campo, com a elaboração de atas que contenham as informações individuais e coletivas, com as tomadas de decisão por consenso.

Como a PAIS é interativa, repleta de ciclos de reajuste para reflexão e ação, é melhor utilizar diário de campo como técnica individual; a elaboração de atas para consolidar as reuniões coletivas internas com os demais atores inter-relacionados com o projeto, elaboração de registro de áudio de reuniões relevantes de discussão do projeto com transcrição das mesmas; e relatórios para consolidar as informações obtidas nos seminários, nas metodologias participativas, rodas de conversa e nas atividades educativas com a comunidade e com os demais atores. A partir da consolidação das observações individuais e coletivas dos pesquisadores-atores ao longo de todo o processo, pode-se construir um mosaico sistêmico para modelagem do fenômeno observado e vivenciado simultaneamente.

A observação participante pode acontecer de diferentes formas: observação direta no campo, participação na vida do grupo e discussões/ diálogo coletivo ao longo do projeto. Ainda, a condução de entrevistas semiestruturadas traz um aprofundamento da abordagem psicossocial e da compreensão cultural de cada contexto. Com base nas condução das entrevistas, antes e ao final do projeto, estimula-se a busca pela compreensão das subjetividades inerentes aos indivíduos, organizações, comunidade e às relações sociais que se dão entre eles (MINAYO, 1993).

Como abordado, o conhecimento e a utilização da observação participante e das técnicas qualitativas é extremamente útil para coleta de informações no campo da pesquisa-ação e do desenvolvimento local, contudo há a necessidade de um compromisso recíproco entre pesquisadores e os pesquisados, mais profundo que a simples imersão no meio observado (THIOLLENT; OLIVEIRA, 2016), por se tratar de uma metodologia que é utilizada pela implicação dos pesquisadores como atores. Assim, ambos assumem os dois papéis simultaneamente e conjuntamente, desenvolvendo uma abordagem sistêmica em cada situação, a partir do olhar de um "ator coletivo".

Para propiciar essa análise coletiva, a triangulação dos dados qualitativos é utilizada como meio para os pesquisadores evitarem a impossibilidade de mostrar objetividade acerca do realismo critico, reconhecendo que a realidade nunca pode ser totalmente apreendida (MORIN, 2004). Nesse caminho, a triangulação proposta por Morin (2004) e utilizada por mim, consiste na combinação dos diferentes métodos de coleta de dados qualitativos obtidos por meio da observação participante, ferramentas participativas, entrevistas e na discussão e contextualização dos mesmos, contrapondo informações, alicerçado na análise interpretativa, para ter maior confiabilidade na comprovação das evidências coletadas. Afinal, como Stake defende, uma evidência triangulada é mais confiável (STAKE *apud* ZAPPELLINI; FEUERSCHÜTTE, 2015).

A partir dessa linha de raciocínio, o conceito de triangulação dos diversos dados qualitativos obtidos é fundamental em um estudo de PAIS, pois como o foco está no diálogo, todos os indivíduos da comunidade que interagem no processo são observados e podem fazer parte dos dados obtidos. Para além da comunidade em si, como o projeto de PAIS propicia o diálogo e a construção coletiva com os diversos atores locais, cabe compreender que todos esses atores estão presentes no processo de pesquisa, pois participaram das discussões e contribuíram ao longo do processo.

Zappellini e Feuerschütte (2015) apontam bem essa triangulação de dados qualitativos que combina diferentes procedimentos e populações, entendendo a triangulação como um procedimento que combina diferentes métodos de coleta de dados.

Todo o processo deve ser sistematizado com base na avaliação dos resultados, contemplando evidências nos dados qualitativos coletados, por meio de análise interpretativa. Após a coleta de dados e *feedback* dos atores locais, cabe avaliar e somar os diversos olhares a partir das perspectivas, similares e contrapostas, para modelar os fenômenos, por meio de um mosaico coletivo da observação participante, das ferramentas participativas, dos depoimentos e falas dos atores envolvidos.

Nesse sentido, a coleta de dados coletiva, além de confrontar nossos marcos epistemológicos de objetividade com as suas possibilidades endógenas de desenvolvimento, passa a ser, simultaneamente, ferramenta de mudança e formação para os envolvidos. Ainda, como a pesquisa-ação é utilizada em situações concretas, a pesquisa qualitativa promove maior atenção aos discursos dos próprios atores e ao aprofundamento das situações (DIONNE, 2007).

É baseado nas trocas no processamento dos dados, do diálogo, no debate com os atores sociais, que os procedimentos de análise se tornam mais vivos, em constante confrontação com a realidade dos atores sociais e, assim, se reconstrói o olhar coletivo (DIONNE, 2007). Para propiciar essa abordagem sistêmica no tratamento dos dados, proponho o uso de análise interpretativa, que inclusive é mais simples, por trazer uma linguagem jornalística, para técnicos e engenheiros, que se aventurem pelo mundo qualitativo. Além disso, ao trazer a análise interpretativa, não codificamos e enquadramos em categorias o que nos foi dado como um presente, que são as percepções das pessoas, e, então, podemos compartilhar, assim como as recebemos.

Nesse sentido, como coletar dados valorizando todos os saberes na equipe e dos atores locais?

1. **Como você poderia captar as informações qualitativas ao longo de um projeto?**
2. **Você acha que faz mais sentido práticas de coleta de dados coletivas ou individuais no seu contexto?**
3. **Faz sentido para você que todos possam ser pesquisadores no processo de desenvolvimento local?**
4. **Como você poderia interpretar os dados coletados por diversas pessoas?**

Análise interpretativa

Quando se menciona a coleta de informações em uma PAIS deve-se ter em mente que a observação participante é adaptada, podendo abranger as observações pessoais de cada pesquisador, que ao mesmo tempo é considerado autor e ator de todo o processo. Como o diálogo e a comunicação são o foco principal, para que as falas não se percam é importante registrar as mesmas, por escrita ou gravação (MORIN, 2004).

A partir de um processo coletivo, a PAIS é semelhante a um organismo vivo cuja riqueza de cada parte tem um papel diferente e complementar. No entanto, no caso da consolidação da pesquisa, a responsabilidade pode ser atribuída a um pesquisador principal, com participação dos demais. Neste caso, para análise dos dados, utilizam-se três principais fases: 1) fase das observações; 2) fase da classificação e 3) fase das conclusões.

Por meio da triangulação, são apresentados os diferentes pontos de vista de forma complementar, para consolidação das observações, fundamentado nos diários de campo, nas atas de reunião, nos relatórios e nas entrevistas, que são ótimas ferramentas para coleta dos dados, preservando o dialogismo das interações (MORIN, 2004).

A partir da compreensão da necessidade de uma construção que integre as diversas narrativas, na fase da classificação em si, o objetivo é extrair lições utilizando uma linguagem dinâmica que preserve as linguagens dos atores e garanta um retrato fidedigno na comparação entre a prática e a teoria.

Importante ressaltar que há outras maneiras de análise, como a de discurso ou conteúdo, mas pela abordagem interpretativa ser mais livre, considero relevante para essa integração da atuação vinculada a pesquisa e Morin (2004) indica essa análise para uma PAIS.

Na análise interpretativa, os dados reduzidos em enunciados são apresentados por meio de linguagem jornalística, que tem a vantagem de conectar as diversas observações à realidade vivida, dando dinamismo à pesquisa e explicando, a partir de observações e falas, cada lição (MORIN, 2004).

Para chegar a suas conclusões, a pesquisa demonstra com rigor seus enunciados pela argumentação lógica e pela exposição dos fatos. O processo de pesquisa é conduzido por essa lógica de comprovação (DIONNE, 2007). Por meio das observações, utiliza-se de uma análise interpretativa que "procede por comparação entre o discurso a analisar e um modelo e uma ficção ideal derivada da orientação teórica" (MORIN, 2004).

Além do uso dos recursos disponíveis para coleta de dados, pode-se recorrer ao reconhecimento dos fatos, em reuniões posteriores às ações com a equipe multidisciplinar, através do dialogismo, retornando as experiências vividas, permitindo uma nova compreensão dos fatos, para a análise dos dados (MORIN, 2004).

A análise interpretativa é o alicerce do processo de análise de dados, a partir da apresentação objetiva das ações e decisões contrapostas com as hipóteses (teoria) e as percepções subjetivas dos atores, presentes nos depoimentos. Como o processo integralmente se traduz como pedagógico, as conclusões partem de uma reflexão crítica de todo o processo. Contudo, como o processo se traduz no encontro de pessoas em uma aventura coletiva, todas as partes, inclusive a análise, devem permanecer flexíveis e abertas para ajustes do projeto. Dessa forma, a espiral de reflexão, interação e interpretação dos dados nunca acaba. O modelo continua em espiral, sempre apresentando novas percepções e compreensões da situação abordada.

A modelagem do fenômeno deve permear todo o processo, de forma dialógica, considerando que a própria sistematização aperfeiçoa os fenômenos e os indivíduos envolvidos, já que pode ser realizada em grupo buscando o consenso sobre os componentes definidos (MORIN, 2004).

Com base na modelagem dos fenômenos, intenciona-se que esta possa ser transposta para outras realidades, sempre respeitando as características socioculturais, com uma abordagem destinada a humanizar os processos. Assim, se permite abrir uma nova espiral que mantém o processo de aprendizagem e práxis em novos territórios a partir de outras singularidades.

Pode-se concluir que, para condução da metodologia, o foco deve estar nos indivíduos e na coleta de dados baseada na interação dos mesmos, com abertura para mudar o rumo das ações e da própria coleta de informações.

Como estipular o que será feito em um projeto?

Como muitos autores mencionam, para o desenvolvimento de uma pesquisa-ação é importante que seja realizada uma etapa de contrato entre todas as partes, na qual o problema é identificado coletivamente e as possibilidades de construir soluções também. No caso da PAIS, o contrato é aberto e não estruturado, para possibilitar que o processo possa mudar de acordo com os indivíduos e os retornos do território a partir do diálogo.

> O diferencial de um projeto é que ele parta de uma série de discussões e temáticas levantadas em planejamento participativo com a sociedade civil do próprio território.

É um consenso na academia que para uma linha de ação se caracterizar como pesquisa-ação, deve ser trabalhado um problema coletivo, identificado pela própria comunidade com participação dos mesmos. No entanto, a questão pode ser apresentada pela comunidade ou pelo pesquisador/interventor. Contudo, muitos autores consideram que são apenas as populações que devem determinar o tema. Thiollent (2011) aborda a necessidade de se envolver tanto a comunidade como os pesquisadores, pois caso um dos dois não tenha interesse, não haverá motivação ou comprometimento.

O diferencial de um projeto é que ele parta de uma série de discussões e temáticas levantadas em planejamento participativo com a sociedade civil do próprio território e, para isso, cabe retomar o histórico a partir do contexto territorial.

A partir dessa compreensão da necessidade de um planejamento participativo para se definir as prioridades, como fazer isso de forma a efetivamente ouvir todas as vozes?

1. **Você já conduziu ou participou de um planejamento participativo onde todos tinham lugar de fala?**

2. **O que você percebeu de desafiante no estabelecimento de contratos/acordos coletivos?**

3. **Quais foram os pontos positivos nesse estabelecimento de contrato?**

4. **Você tem conhecimento de ferramentas colaborativas que possam apoiar um planejamento participativo?**

5. **Como estabelecer contratos que realmente façam sentido para um determinado grupo coletivo?**

Neste sentido, a temática deste livro e do meu doutorado partiu de um "contrato" do coletivo definido pelos comunitários: o saneamento. Para aprofundar a questão metodológica cabe compreender a temática escolhida e as razões de se trabalhar com SBN, ou saneamento ecológico e desenvolvimento local. Mas esta história eu conto no capítulo 6 na descrição do campo de atuação e estudo.

Por fim, é muito importante focar em abordagens qualitativas coletivas e individuais, para poder incluir a voz do grupo e compreender os demais pontos de vista. Pois, para implementação da PAIS, vimos que o processo de decisão, a coleta de dados, as ações, e os contratos firmados devem contemplar os diferentes pontos de vista do território, de forma participativa. Nesse sentido, para mim, conjugar métodos colaborativos é de suma importância, para propiciar dinâmicas que realmente incluam as pessoas. No próximo capítulo apresento a abordagem do Dragon Dreaming, para criação colaborativa de projetos, e como a mesma pode ser conjugada com a pesquisa-ação.

CONSTRUTORES DO SANEAMENTO ECOLÓGICO
FOTO: EDUARDO NAPOLI

5.

SONHAR JUNTOS PARA ENVOLVER AS PESSOAS: COMO ATUAR COM CRIAÇÃO COLABORATIVA DE PROJETOS

"Vamos precisar de todo mundo
Um mais um é sempre mais que dois
Para melhor construir a vida nova
É só repartir melhor o pão
Recriar o paraíso agora
Para merecer quem vem depois"

Beto Guedes - O Sal da Terra

A partir da compreensão de que o território deve sempre ser considerado central para o desenvolvimento dos projetos, contemplando suas características sociais, culturais, ambientais e econômicas, deve-se partir de um envolvimento dos indivíduos para compreender a problemática de cada situação. Neste sentido, o território em si é concebido como estratégico, vivo, dinâmico e concreto de atuação. Ou seja, uma rede de relações sociais, políticas, afetivas, econômicas e subjetivas (LIMA *et al.*, 2012).

Essa atuação resulta em um modelo de pesquisa-ação que parte da construção coletiva da agenda de prioridades e utiliza as abordagens ecossistêmicas para definição das ações. Trabalhar dessa forma requer ações capazes de compreender, dialogar e aprender com as práticas sociais do território (SANTOS, 2003).

Contudo, para além da participação social ao longo dos projetos, cabe um olhar aprofundado que propicie um envolvimento entre pesquisadores, atores locais (que contemplam tanto poder público quanto comunitários) ao longo de todo o processo, a partir de uma atuação que fortaleça os laços para construir formas de ação efetivamente inclusivas. Neste caminho, Freire (2016) aborda a importância de que os próprios atores, em seu papel de "oprimidos", atuem na construção das soluções, para que incluam e reverberem suas vozes. Isso equivale aos sujeitos assumirem conscientemente a função de sujeitos de suas histórias. Assim, uma pesquisa-ação em que os pesquisadores e os atores se encontram no mesmo nível, humaniza ambas as partes e propicia um diálogo autêntico que reconhece o outro e a si mesmo, e propicia o compromisso de construir um mundo comum.

Uma pesquisa-ação politizada que tenha a preocupação de libertação dos seres humanos, não se deixa prender em "círculos de segurança" e não teme o desvelamento do mundo, mas propicia o diálogo com ele, baseado no crescente saber de todos os envolvidos, para que haja um compromisso para uma luta conjunta, por direitos de equidade, que garantam aos oprimidos se colocarem em lugar de atores sociais e construírem, dentro de si, as formas de lidar com suas realidades (FREIRE, 2016).

Henri Desroche (1982) colabora com essa abordagem em sua teoria da pesquisa-ação colaborativa, "integral", na qual o mesmo intencionou contribuir com uma ciência da práxis construída pelos próprios atores, numa atuação que aprofunda a relação associativa entre pesquisador e ator (DIONNE, 2007). Na pesquisa-ação cooperativa proposta por Desroche (2006), o foco está na horizontalidade e reciprocidade entre pesquisadores e sujeitos da pesquisa, ao longo do relacionamento de investigação. A pesquisa-ação colaborativa pode ser articulada em rede, incluindo grupos de pesquisa com relacionamentos com intermitência nas interações.

Para tanto, o pesquisador precisa também ser prático, devendo se situar no plano da práxis, isto é, fora do laboratório. Ele deve pensar levando em conta a singularidade, a localidade e a temporalidade. Para além, o pesquisador/observador deve procurar estabelecer empatia com o que é observado (e com sua experiência), a fim de poder compreender as sutilezas da realidade percebida (MORIN, 2004).

Logo, deve-se deixar de lado as dicotomias e separações das visões atomizadas caracterizadas pelos modelos científicos clássicos de produção de conhecimento (sujeito/objeto, teoria/prática), reconhecendo suas limitações para experimentar modelos de inclusão (SIMAS, 2013).

Nesse contexto, a perspectiva sistêmica da abordagem metodológica em espirais, descrita por Dionne (2007), converge com os movimentos do território, por compreender cada fase como um fractal. As fases não acontecem linearmente, são realizadas com ritmos variáveis, a partir das circunstâncias do ambiente e dos indivíduos. Dionne (2007) apresenta exatamente esse contorno ao abordar o processo de pesquisa-ação como um ciclo com dinâmica em espiral, a partir dessa troca interativa contínua entre a pesquisa e a ação, como pode ser visualizado na figura a seguir:

Figura 4: Gráfico evolutivo de pesquisa-ação para desenvolvimento local em espiral.

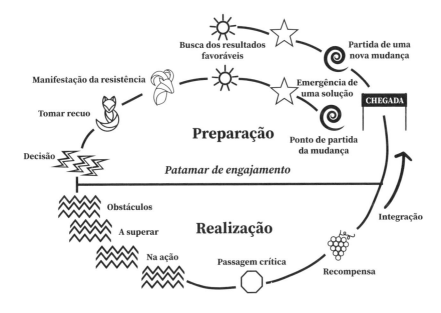

Fonte: (DIONNE, 2007, p. 75).

A imagem acima retrata bem a questão da não linearidade e de respeitar as manifestações do território, seus indivíduos e as dificuldades inerentes relativas às questões ambientais, sociais, culturais e econômicas, de forma a contemplar as resistências e obstáculos como partes integrantes do processo.

Nesse momento eu te pergunto, quando você projetou alguma ação coletivamente, ela aconteceu normalmente como você imaginava? O que aconteceu diferente? O que você não esperava que acontecesse e te surpreendeu e mudou o caminho? Escolha um projeto que envolveu mais pessoas e faça essas reflexões. Permita escrever o que aconteceu diferente e se essas mudanças foram levadas em conta ao longo do processo.

É nesse sentido que tal figura (figura 4) poderia ser visualizada como um mapa de jogo infantil, na qual encontramos obstáculos não antes imaginados e os indivíduos mudam ao interagir e dialogar sobre cada situação. E para atuar com essas diferentes percepções é importante utilizar métodos colaborativos. Gosto muito de juntar a pesquisa-ação com o Dragon Dreaming, por ser um método que transforma o projeto num tabuleiro do jogo, que interage com as pessoas. Se queremos efetivamente fortalecer a ecologia social em um projeto, as pessoas precisam ser envolvidas e valorizadas. Podemos aprender esse método na prática e compreender como ele se encaixa na pesquisa-ação.

De Souza (2017) corrobora com essa abordagem não-linear ao apontar que a pesquisa deve se pautar no acompanhamento das decisões, das ações e de toda atividade intencional dos atores em cada situação. Partindo desse ponto de vista, pode-se perceber o processo alicerçado em uma visão integral, na qual o caminho em si não é linear, mudando de acordo com cada passo e tomada de decisão do coletivo. Dionne (2007) vai além, ao abordar que cada passo pode ser visualizado como uma espiral com seus obstáculos e resistências inerentes. Dessa forma, teremos um conjunto de espirais que acontecem simultaneamente nos diversos pontos de convergências dos coletivos, promovendo mudanças individuais e coletivas, como um fractal.

Como ao navegar no mar, devemos ter a rota estabelecida, com o percurso para onde queremos ir, no entanto, de acordo com a maré, com os ventos e com todas as condições daquele ambiente, devemos ajustar velas, direção, movimentos, para chegar onde queremos, da melhor forma possível. Assim, num processo colaborativo devemos compreender que as ações devem ser ajustadas de acordo com as pessoas, a cada momento e movimento, atentos à escuta das "variações climáticas relacionais".

De Souza (2017) também aborda o processo a partir da perspectiva dialética, reconhecendo a necessidade do processo contínuo de construção e reconstrução da realidade e suas percepções, fundamentado na análise das forças que se contradizem. Exatamente por ser uma pesquisa social, voltada para ação, que se faz fundamental o foco no uso de metodologias qualitativas para garantir a fluidez da tomada de decisão com a execução das ações, mas também a qualidade dos dados coletados ao longo dos processos coletivos, com rigor acadêmico.

Na própria concepção de Dionne (2007), há um roteiro de passos, um roteiro predefinido das atividades. No entanto, deve se considerar as singularidades de cada território, percebendo todas essas atividades como complementares, podendo inverter a sua condução, de acordo com cada situação. Mesmo sabendo da importância do roteiro no trabalho psicossocial, cabe perceber as necessidades do coletivo e dos indivíduos, para além das predefinições. Exatamente pelas definições brotarem das decisões coletivas e das inter-relações, que a pesquisa-ação se desenvolve ao longo do caminhar do pesquisador e da equipe.

E como apontado por Santos (2007), na ecologia de saberes, a vontade é guiada por várias bússolas com múltiplas orientações e cada saber é portador da sua epistemologia pessoal. Alicerçado nessa compreensão, nenhuma intervenção a partir de um só tipo de conhecimento tem acesso à realidade toda, cabendo a comunhão de saberes de todo o coletivo, para uma compreensão holística. Assim, utilizar ferramentas e métodos colaborativos pode propiciar uma maior interação sistematizada com cada território.

Os Conflitos em Projetos Coletivos

A resolução de conflitos é um desafio à participação em projetos coletivos, inclusive na incubação social. Então, podemos questionar: de que forma os projetos que se propõem coletivos podem ser colaborativos? Este entendimento valida a importância de instrumentos para resolução de conflitos a fim de que a incubação social contemple a participação comunitária. Esta premissa denota a relevância em utilizar metodologias colaborativas para instrumentar a participação na pesquisa-ação (SOUZA, 2016).

Relativo à ação, as tecnologias sociais, sejam em saneamento ou não, estão alinhadas com a metodologia de pesquisa-ação, na medida em que esta proporciona maior interação dos atores locais por meio da ação coletiva e participativa, em prol da transformação social, fomentando protagonismo da população e das comunidades (MACHADO, 2019).

Entretanto, a participação social pressupõe construção colaborativa do conhecimento. E é neste contexto que as metodologias colaborativas de projetos, como o Dragon Dreaming – "criação colaborativa de projetos" (DD), podem contribuir na incubação social de projetos com a construção colaborativa do conhecimento.

Embora valorize o dialogismo, tal como a reflexão crítica proposta por Freire (2016), para promover uma construção coletiva (MORIN, 2004), a pesquisa-ação carece de instrumentação em certos aspectos para propiciar essa troca e abertura na prática.

Nesse ponto eu te pergunto, ao atuar num projeto coletivo, com tantas pessoas querendo falar e serem ouvidas ao mesmo tempo: como você facilitou ou percebeu outras pessoas facilitarem o processo de diálogo coletivo? Esse processo envolveu conflitos ou a exclusão de algumas pessoas? Como você sente que poderia ser diferente?

Relativo a isso, você já se sentiu excluído ou excluindo alguém que pensasse diferente em projetos coletivos ou certos grupos sociais em que você transita? Como foi lidar com essa sensação de exclusão? Escreva sobre ambas as situações, pois invariavelmente nos colocamos nos dois papéis. Após escrever, reflita sobre qual dos papéis você tende a ocupar mais na sua vida.

É exatamente pelas questões de exclusão que se pronunciam em espaços coletivos que opto por utilizar ferramentas do DD. Como Souza e Paula (2020) apresentam em estudo de caso, conjugar ferramentas de DD com a pesquisa-ação pode fomentar a colaboração nas diversas formas de uma organização.

A metodologia de DD fomenta maior interação, dialogismo e a construção colaborativa, a partir da integração de ferramentas de avaliação e planejamento colaborativo, com base nas intenções dos envolvidos, o que no método é chamado de "sonho". Assim, busca-se valorizar a voz individual, que durante o processo é transformada em sonho/projeto coletivo.

Neste sentido, a pesquisa-ação pode utilizar ferramentas de DD para incluir as vozes, sonhos e necessidades de todos os envolvidos. Alinhado a essa questão, na atuação com SBN em comunidades ou instituições, ao utilizar o DD para escutar e englobar os sonhos da sociedade civil e dos atores locais, pode gerar mais pertencimento e participação social na construção de projetos coletivos.

Nesse cenário, a utilização de ferramentas do DD traz práticas dialógicas de escuta ativa de todos os envolvidos, para gerar um pertencimento e engajamento dos atores locais que participam do processo. É nesse sentido que o método DD pode colaborar tanto com a pesquisa-ação (SOUZA; PAULA, 2020) quanto com a implantação de SBN, para dirimir conflitos e contribuir para a construção de um projeto coletivo envolvendo os participantes no processo.

O Dragon Dreming e a Criação Colaborativa de Projetos

Ao trabalhar com projetos comunitários devemos sempre estar atentos à diferença de olhares entre pesquisadores, interventores e comunitários, compreendendo que é necessária uma desconstrução, para incluir e valorizar todos os saberes e que há uma disputa de visões em cada troca de significados. Logo, utilizar metodologias colaborativas alinhadas com a metodologia da pesquisa-ação é de suma importância para promover esses espaços de encontros e de horizontalidade.

O método Dragon Dreaming surgiu há mais de 30 anos, tendo como marco embrionário a pesquisa de doutorado do John Croft intitulada "A relação entre educação não formal e desenvolvimento comunitário na província de Terras Altas – Papua Nova Guiné". A partir de sua experiência em educação não formal, em processos de consultoria e facilitação de projetos colaborativos para o desenvolvimento comunitário em diversos países asiáticos, africanos e europeus, John Croft sistematizou o Dragon Dreaming (DE SOUZA, 2016). Posteriormente, o método do DD se difundiu a partir do trabalho e da prática de John Croft junto à Fundação Gaia da Austrália Ocidental, sendo utilizado para ajudar grupos de todos os tipos a descobrir ferramentas para a criação de projetos bem-sucedidos, compreendendo onde poderiam ocorrer bloqueios nos projetos e como solucioná-los (CROFT, 2011). Ele compreendeu que as falhas em projetos, em geral, estão relacionadas à falta de comprometimento, de comunicação e de alinhamento entre quem propõe, realiza e recebe os resultados. Daí em diante, projetos foram executados e a teoria foi se consolidando a partir da prática (BARBUTO, 2017).

> A metodologia de DD fomenta maior interação, dialogismo e a construção colaborativa, a partir da integração de ferramentas de avaliação e planejamento colaborativo, com base nas intenções dos envolvidos, o que no método é chamado de "sonho".

O DD é um sistema integrado embasado em uma ética que objetiva: i) o crescimento pessoal do indivíduo; ii) o fortalecimento ou formação de comunidades de apoio mútuo, considerando cada grupo de trabalho como uma comunidade em si; e iii) projetos de cuidado e serviço à Terra (DRAGON DREAMING, 2014). Assim, a ideia central do DD é sair da cultura do ganha-perde (*win-lose games*) para o estabelecimento de relações do tipo ganha-ganha (*win-win games*) (SOUZA, 2016).

Trata-se de uma abordagem ampla que pode ser compreendida como uma filosofia que é ancorada pela cultura aborígene australiana (CROFT, 2011), da ecologia profunda (MACY; BROWN, 2004), teoria dos sistemas vivos (BATESON, 1986) e a pedagogia do oprimido proposta por Paulo Freire (FREIRE, 2016). Ao longo da busca por maior efetividade de ações dos movimentos sociais e ambientalistas, o método foi sendo testado e aprimorado no fluxo do ativismo socioambiental.

O DD é constituído por um modelo que direciona as fases de qualquer realização, inclusive um projeto. Partindo da proposta da teoria dos sistemas vivos, tudo começa com um estímulo que, quando ultrapassa um limiar, cria uma possibilidade em um determinado contexto que direciona a uma ação e gera uma resposta (*feedback*).

Por compreender cada projeto como um sistema aberto, que emerge no encontro entre indivíduo, ambiente, teoria e prática, cada um destes quatro elementos traz entradas e recebem *feedbacks* – de recursos, energia, informações, ideias, ao longo do projeto (SIMAS, 2013). A qualidade de cada projeto "está diretamente relacionada à qualidade da comunicação entre os diversos elementos do sistema" e dos indivíduos presentes no processo (SIMAS, 2013, p. 16). Esses passos de interseção foram resumidos nas fases do projeto: sonhar, planejar, realizar e celebrar (CROFT, 2009).

Figura 5: Círculo com as etapas de um projeto no método DD.

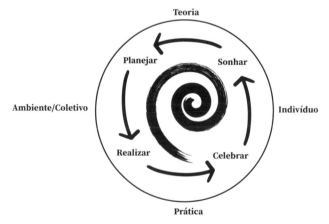

Fonte: De Souza e De Paula, 2020, p. 17)

O que chama atenção para esse método, que o diferencia de outros e inspira tantas pessoas no mundo, são as fases sonhar e celebrar. Nessas fases, o indivíduo é considerado, quando no sonhar é dada importância para seu valor e contribuição, e na fase do celebrar volta-se para a reflexão e para reconhecer o que foi realizado (BARBUTO, 2017). Nesse sentido, cabe contextualizar que Dionne (2007) já traz na sua concepção de pesquisa-ação um passo a passo similar ao proposto pelo DD.

Correlacionando ambos, para Dionne (2007, p. 70) um projeto consiste: i) na primeira fase, "identificação da situação" (diagnóstico), que pode se relacionar ao sonhar do DD; ii) na segunda fase, "projetação de soluções", como o planejar do DD; iii) na terceira fase, "implementação de soluções", como o realizar do DD e; iv) na quarta fase, "avaliação do procedimento", relacionado ao *feedback* e celebração do DD. O que os diferencia e complementa, é que o DD traz ferramentas lúdicas e inclusivas para estimular a inclusão de cada voz e a participação social, desconstruindo os interagentes que buscam participar em cada fase do processo.

> Que o diferencia de outros e inspira tantas pessoas no mundo, são as fases sonhar e celebrar.

O DD utiliza diversas abordagens e ferramentas práticas para estimular a criação coletiva e gerar motivação em torno de um objetivo comum (SOUZA, 2016), entre elas, check-in e check-out, o pinakarri, o planejamento estratégico participativo consensual (PEPC).

Aliás, todas as ferramentas do método DD são construídas de forma colaborativa, iniciando sob a perspectiva do indivíduo e passo a passo para, a partir do método, transformar em coletivo (DRAGON DREAMING, 2014).

Simas (2013), em sua tese, utilizou o modelo para estruturar e realizar uma pesquisa-ação comunitária na área da Comunicação Social e Souza (2016) também utilizou em pesquisa-ação conjuntamente com outras práticas colaborativas na organização e gestão de uma associação de mulheres catadoras de resíduos. Ambas autoras compreenderam a convergência entre a pesquisa-ação e o DD, especialmente na perspectiva sistêmica e no processo constante de reflexão crítica, por meio de avaliação. Até porque "a avaliação não implica uma concepção de trabalho fechado; este estudo representa uma volta na espiral da mudança da pesquisa-ação" (SIMAS, 2013, p. 38). Logo, a avaliação é inserida ao longo de todo o processo. No caso do DD, a avaliação está dentro do processo da celebração e já começa no momento da chegada de cada indivíduo.

Check-in e *check-out* como ferramentas de celebração/avaliação qualitativa do status de cada indivíduo naquele grupo:

Souza, Menezes e Dias (2015) apontam o uso do *check-in* (checagem do estado emocional/física/mental de cada participante no início do evento) e *check-out* (checagem do estado emocional/física/mental de como a pessoa está saindo ao fim do evento), como uma prática do DD, em que todos têm oportunidade de se expressar, no início e no fim de cada reunião, tendo como objetivo alinhar o grupo com relação à presença interna de cada um.

> **É fundamental incluir os estados emocionais dos indivíduos no processo de criação, pois quando não se fala o que está sentindo, o fluxo de criação e diálogo fica impedido.**

Nesse sentido, a metodologia se consolida na compreensão de que é fundamental incluir os estados emocionais dos indivíduos no processo de criação, pois quando não se fala o que está sentindo, o fluxo de criação e diálogo fica impedido. Por si só, essa etapa de avaliação/celebração já é inovadora quando conduzida em equipes ou reuniões.

Trazendo algumas possibilidades, quando trabalhamos com grupos pequenos, podemos derivar um tempo de qualidade para cada pessoa. No caso de grupos muito grandes, podemos aferir a presença da pessoa a partir de uma palavra que ela trará, representando como está chegando. Uma boa analogia é o uso dos tempos climáticos para a pessoa poder se descrever (ensolarado, nublado, chuvoso, tsunami, pôr do sol, entre outros) nos momentos de checagem interna.

Eu aproveito para te perguntar e te convido a escrever suas reflexões a cada pergunta aqui: você tem o hábito de se vulnerabilizar e poder falar das suas emoções no seu local de trabalho e ser genuíno com como você está a cada momento? Outra pergunta que te faço é: você já passou por desconfortos emocionais ao longo de um trabalho e não conseguiu estar presente e contribuir com o processo? Já percebeu quando alguém está com complicações em um grupo e o fluxo da reunião não anda?

Pare para pensar nessas situações de desconforto e como pode ter feito a diferença, simplesmente poder falar o que estava se passando.

Te convido a escrever sobre como foi ter um desconforto no coletivo e não falar sobre isso. E quais foram os impactos em você e nas suas relações? No contraponto, como foi experienciar falar do que se passa internamente? Neste caso, as pessoas puderam acolher melhor o momento de cada um?

Há uma pesquisadora, Brene Brown, que fez um TED sobre o poder da vulnerabilidade[1]. Recomendo que você o veja.

Depois de ver esse filme, quero te convidar a fazer um exercício de se vulnerabilizar e falar para alguém que você trabalha, estuda ou se relaciona, como você está se sentindo; não para que a pessoa resolva a sua situação, mas simplesmente para que ela possa compreender seu tempo interno e não esperar que você esteja completamente focada/focado em algo, sendo que sua energia está difusa em outras sensações e pensamentos.

Quando podemos falar e dar lugar ao que sentimos nas nossas outras relações, podemos estar mais presentes em cada momento. Essa é a simplicidade do *check-in* e do *check-out*. Mas não se trata apenas de comunicar como estamos, é importante ressignificar a escuta de nós mesmos, do outro e da relação.

O check-out tem a mesma função do check-in, com o intuito de poder dar lugar às emoções/sensações e pensamentos que emergiram a partir do diálogo, dos conflitos, dos processos que aconteceram naquele processo coletivo. Então esse momento funciona para compreendermos inclusive se o grupo continua alinhado no seu direcionamento interno e se algum indivíduo precisa de um cuidado maior, seja no seu processo pessoal ou para entender melhor algo do projeto em si.

Pinakarri: uma ferramenta de escuta ativa

Uma ferramenta central no método DD é o pinakarri. Inspirada nos aborígenes da Austrália, significa escuta profunda, consistindo em parar e fazer "instantes de silêncio no início e durante as reuniões, sempre que

---

1 Disponível em: https://youtu.be/qqGJxS4kVPM

necessário. O objetivo é gerar maior concentração e abertura para ouvir o outro" (SOUZA; MENEZES; DIAS, 2015, p. 58).

Todos nós temos uma voz interna mental crítica/reflexiva do outro e de nós mesmos e ela está atuando o tempo todo. Se você se perguntou exatamente agora ao me ler: que voz interna é essa? Essa pergunta interna que brotou na sua mente ao me ler e que já está refletindo sobre o processo é um exemplo de sua voz interna.

Nosso mental está constantemente criticando o mundo que vemos, a partir de nossas crenças e percepções. Esse exercício de escuta ativa propicia esvaziar essa voz interna mental, para ampliarmos a nossa escuta: de nós mesmos, do outro e como os aborígenes da Austrália dizem: da TERRA.

Partilho com você um passo a passo de como conduzir um exercício de escuta ativa (pinakarri) em grupo ou individualmente, para ampliar a escuta interna, que inclusive está no manual do DD (2013, p. 9):

Um pequeno guia de *pinakarri*

Acalma-te e conecta-te com o teu corpo:

1. Sente a parte do teu corpo que se conecta com a cadeira ou a almofada onde estás sentado.

2. Sente o peso do teu corpo: nota o teu peso e como a Terra o suporta. A gravidade é a força mais antiga do universo. Se fosse uma pessoa a suportá-lo, você chamaria essa força de amor incondicional.

3. Toma consciência do amor incondicional da Terra por ti, o apoio que te dá.

Respira profundamente – dentro e fora: ouve a diferença de tom e sente a diferença de temperatura entre a inalação e a exalação. Esta diferença em temperatura vem do sol.

4. Quem é você? Você é a dança dos ciclos materiais da Terra com a energia do sol. Consegue ouvir o bater do teu coração? Ele está aí desde antes do teu nascimento, e estará contigo até o momento da tua morte.

5. Encontra no seu corpo o ponto onde a tensão ou energia está mais forte.

Respira para esse local, conscientemente relaxa e expira essa tensão.

6. Após silenciar a voz na sua cabeça, abra os olhos e retorne para o momento presente.

Há muitas formas de praticar e alcançar pinakarri. Sinta-se convidado a experimentar e a encontrar a sua própria forma.

Pista: assim como com o pinakarri, há muitas formas de se tornar presente e de falar carismaticamente.

Te convido a experimentar fazer esse exercício num grupo pequeno que você atue, de três a quatro pessoas, e perguntar depois como as pessoas ficaram ao passar pela experiência. Esse momento de escuta pode e deve ser replicado de tempos em tempos para manter a presença e a escuta ao longo do processo de reunião, de planejamento, de diálogo.

Gosto sempre de trazer a reflexão quando ensino sobre o pinakarri, que esse não é um aprendizado dos aborígenes da Austrália apenas, nossos ancestrais, indígenas do Brasil, trazem a mesma compreensão de presença para lidar com a vida. Ainda hoje, muitas linhas de gestão e terapêuticas, como mindfulness, trazem essa compreensão de mundo e apontam a relevância de estar no momento presente.

Logo, você pode utilizar a ferramenta/exercício do pinakarri tanto para: 1) atuação com grupos, no planejamento, em reuniões; 2) diálogos genuínos em uma relação importante; e 3) atividades individuais criativas e de construção de conhecimento.

Nesse sentido, para você refletir comigo, pergunto: quantas vezes você ligou o computador para fazer uma atividade e demorou mais de trinta minutos para começar, se perdendo em outras abas, janelas e informações? Uma forma de cuidar da sua presença e escuta interna é fazer o pinakarri para você antes de começar uma atividade pessoal, para poder estar focado e presente em você mesmo e na escuta do que está sentindo naquele exato momento.

E só quando podemos escutar o outro e a nós mesmos que podemos criar objetivos comuns que efetivamente sejam coletivos.

Planejamento Estratégico Participativo Consensual (PEPC): transformando sonhos em objetivos coletivos

Para atuar coletivamente é importante não só aprender a escutar ativamente, como aprender a falar uma linguagem ganha-ganha, de cooperação, na qual os sonhos e projetos são apresentados como convites genuínos e celebram tanto respostas positivas quanto negativas a cada convite. Essa é uma grande desconstrução no processo de querer construir junto, e não manipular a verdade do outro. Esses sãos dois alicerces do método: poder escutar ativamente e falar genuinamente.

Para atuar coletivamente é importante não só aprender a escutar ativamente, como aprender a falar uma linguagem ganha-ganha, de cooperação, na qual os sonhos e projetos são apresentados como convites genuínos.

O PEPC utilizando DD consiste em construir: i) um sonho comum, a partir de uma ferramenta de coleta das intenções de cada um dos participantes do projeto – círculo dos sonhos; ii) os objetivos específicos e prioritários, iii) a meta central do projeto; iv) o karabirrdt, ferramenta específica do DD, como um jogo colaborativo para o desenvolvimento do planejamento estratégico e sistematização das ações (SOUZA; MENEZES; DIAS, 2015; SOUZA; PAULA, 2020).

Para começo de conversa, um projeto começa no plano das ideias, quando o indivíduo olha pro ambiente e tem um sonho, uma concepção de criação ou de que algo pode ser diferente. É nesse sentido que podemos compreender os sonhos como uma poderosa força motriz de motivação, tanto individual quanto coletiva. Nesse caminho, para Croft (2009) todo o projeto começa com base nos sonhos/ideias. O sonho precisa ser compartilhado por um indivíduo com seu grupo/equipe, para que se transforme num sonho coletivo e se torne realidade.

Assim, é preciso que o indivíduo rompa seus próprios julgamentos e medos, partindo do princípio que "nós somos nossos próprios inimigos", e partilhe seus sonhos com outras pessoas, pois não colocar o sonho pra fora é o primeiro bloqueio percebido na metodologia.

É a partir dessa abordagem que uma das ferramentas mais relevantes no DD é o círculo dos sonhos, para propiciar um espaço acolhedor, em que todas as vozes e sonhos têm lugar. Assim, o sonho individual morre, dando lugar aos sonhos de cada pessoa envolvida, renascendo como um sonho coletivo (CROFT, 2009). Com relação ao círculo dos sonhos, De Souza (2016) apresenta sucintamente o passo a passo do processo:

> Neste ponto, a técnica sugerida é o círculo de sonhos, em que se realiza uma reunião em roda com os membros e todos respondem à pergunta geradora: — O que este sonho precisa ter para que seja 100% seu também? A ideia é gerar, desde o princípio, um propósito comum e consciente ao grupo. As respostas são compiladas

e os sonhos de todos precisam ser contemplados na criação do sonho coletivo. A proposta da metodologia é que haja um diálogo constante entre o indivíduo e seu ambiente/grupo no qual está inserido. O diálogo pode acontecer a partir de perguntas geradoras, e todos são encorajados a falar (DE SOUZA, 2016, p. 75).

Como fazer um círculo dos sonhos

A primeira pessoa apresenta seu sonho com uma fala genuína. Após a exposição do sonho à equipe, a pessoa precisa deixar seu sonho inicial morrer para dar lugar às vozes de todos. Ou seja, falar "eu não posso realizar esse sonho sozinha/o e preciso da contribuição de vocês". Para isso a pessoa faz uma pergunta geradora, como: "o que precisa acontecer nesse período/projeto para que eu me sinta 100% realizado?"

Deve ter um facilitador que escreverá o nome de cada um com o sonho ao lado. Neste momento, de formar circular, todos os presentes respondem na sua vez à questão, podendo usar um objeto da fala. Se alguém não tiver nada a acrescentar na sua vez, pode passar o bastão, pois circularmente terá outras oportunidades. Essa é uma forma da energia circular e todos poderem falar de forma sintética seus sonhos e colaborarem com o processo. Se alguém passa, pode mais tarde adicionar uma nova ideia quando for a sua vez novamente. É importante no círculo dos sonhos que cada ideia seja registrada.

Assim, deve-se passar o bastão da fala e cada um fala seu sonho, um por vez. O facilitador anota o nome da pessoa e o sonho, os sonhos devem ser no positivo, simples e sem necessidade de explicação; se o seu sonho já foi falado, você não precisa repetir e pode-se passar o bastão da fala quantas vezes for necessário. O círculo dos sonhos acaba quando todos se sentem satisfeitos com os sonhos coletados. Depois pode-se ler os sonhos no passado, como se já tivessem acontecido e observar como o grupo se sente. Deve-se estabelecer um acordo de que 100% dos sonhos devem ser realizados, ou seja, agora pode-se conhecer o sonho de cada um e construir um sonho coletivo.

É importante observar o fluxo energético e motivacional do grupo. Se a energia descer, algo pode não estar fluindo. Cuidado com a "paralisia por análise", por exemplo, ou seja, que o grupo fique bloqueado no debate sobre o significado das palavras. Assegura-se que existe um processo fluído no círculo dos sonhos – desta forma é uma experiência revigorante.

O círculo dos sonhos é uma ferramenta muito potente que você pode utilizar tanto para seus projetos profissionais quanto pessoais. Pode ser utilizado junto com os atores locais e/ou com a equipe interna de um projeto para alinhar expectativas.

Os aborígenes da Austrália dizem que as pessoas que não acreditam nos seus sonhos estão sobrevivendo e não vivendo. Estão desconectadas de si mesmas. Então precisamos religar nossa conexão com os sonhos, tanto os dormindo quanto os acordados. Pois nós somos nossos próprios inimigos quando não comunicamos nossos sonhos para os outros, para nós mesmos e para o mundo.

É a partir desse espaço interno de expandirmos nossa compreensão de nós mesmos, que eu te pergunto e gostaria que você escrevesse: qual o seu maior sonho na vida? Qual o seu sonho para esse projeto que você gostaria de contribuir? Qual o seu sonho para o próximo ano? Anote para poder compreender qual a direção do seu caminhar. Se não souber qual o seu sonho maior agora, se permita ficar na pergunta e voltar a ela quantas vezes for necessário. Afinal, é essa resposta que pode nos mover e que pode também mover/engajar atores locais e comunidade, promovendo participação social. Mas antes de perguntar para os outros, é importante termos as nossas respostas internas do que queremos e para onde queremos ir.

> **O círculo dos sonhos é uma ferramenta muito potente que você pode utilizar tanto para seus projetos profissionais quanto pessoais.**

Após a construção do sonho comum, é importante construir o planejamento para materializar esse sonho. No DD o intuito é transformar o planejamento num grande jogo coletivamente integrando todas as vozes. Para isso há ferramentas lúdicas e coletivas, que podem ser utilizadas integradas ou separadas, para construção dos objetivos específicos, prioritários, meta central do projeto e atividades, valorizando as ideias de todos os participantes.

O Plano Tático Coletivo:

O processo seguinte para organização dos objetivos específicos é conduzido de forma integradora com a coleta das ações necessárias, com a contribuição de cada membro utilizando práticas gráficas, em que cada um tem que colocar três a quatro objetivos que devem ser realizados para atingir 100% dos sonhos. Depois esses objetivos são agrupados por afinidades e são construídos seis a oito objetivos específicos, de forma coletiva. Por votação, sem discussão e em silêncio, cada membro do grupo expressa graficamente, com três votos, quais objetivos precisam acontecer primeiro, para que todos os outros também sejam implementados. Assim são escolhidos os objetivos prioritários, que são os três objetivos que forem mais votados.

Posteriormente são construídas as atividades e tarefas dos planos táticos. O *karabirrdt* é um tabuleiro do jogo que desenvolve o plano tático para efetivamente realizar as ações necessárias em um projeto coletivo, de forma lúdica e integradora.

O processo de planejamento é realizado coletivamente com o levantamento das atividades a partir da seguinte pergunta geradora: "quais são as tarefas necessárias para realizarmos os objetivos prioritários e 100% dos sonhos? Em seguida é esquematizado graficamente em *karabirrdts* (teias de aranha, no idioma aborígene), para facilitar a compreensão dos fluxos de atividade, podendo ser colocados em locais de fácil visualização para acompanhamento (DE SOUZA, 2016). Nesse sentido o plano tático tem o intuito de "gameficar" o projeto de forma lúdica, para que as etapas simulem um jogo aberto a ser caminhado pelos participantes.

Se quiser saber mais sobre como fazer o processo, leia o manual (*e-book*) com o passo a passo ou participe de um curso introdutório, que é extremamente desconstrutivo e formativo.

Concluído o PEPC, o projeto vai para a etapa de realização, com acompanhamento coletivo ao longo do processo por meio de avaliação contínua. Para isso, cabe compreender a avaliação como um fractal e presente em todo o processo (SIMAS, 2013). Assim, deve-se buscar trazer momentos de avaliação/celebração individual e coletiva, seja nas rodas de conversa com atores locais, seja nas reuniões de planejamento e acompanhamento com a comunidade.

É a partir dessa compreensão da necessidade de incluir o sonhar e o celebrar em um projeto colaborativo que o método DD pode integrar tanto a equipe quanto os atores locais. Assim, o DD pode contribuir na construção de um objetivo comum e na avaliação coletiva ao longo do processo.

Avaliação Coletiva:

No DD, a avaliação é conduzida por meio de perguntas geradoras, tendo Paulo Freire (2016) como um dos referenciais deste método. Como uma prática de construção coletiva do conhecimento, a avaliação no DD envolve ferramentas lúdicas e dialógicas, como as rodas de conversa.

As perguntas geradoras podem trazer três questões abertas a serem respondidas por cada grupo. Em suma, essas perguntas podem ser sintetizadas em: i) que bom! (pontos altos), ii) que pena! (pontos baixos) e iii) que tal? (o que poderia ser diferente?). Essas perguntas podem ser adaptadas a cada grupo social e buscam identificar: i) quais foram os pontos altos, ou, o que foi importante no processo e gerou engajamento?; ii) quais foram os pontos baixos, ou, o que não deu certo, o que não foi inclusivo ou faltou cuidado, ao longo da tomada de decisões? e iii) que tal, o que poderia ser diferente?

Com relação às ferramentas de avaliação, normalmente podem ser realizadas: i) de forma visual, a partir de desenho coletivo e discussão; ii) em roda de conversa de forma dialógica; ou iii) baseado na coleta de informações coletivas por facilitador em *flipchart* e *PowerPoint*, com os participantes presentes na discussão visualizando as informações coletadas.

Te convido a escolher um projeto que você tenha atuado e faça essa avaliação proposta, individualmente e/ou coletivamente. Quais os pontos altos, baixos e o que poderia ser diferente? Se permita responder uma pergunta de cada vez com qualidade de presença. Anote tudo o que você pode perceber e reflita se houve aprendizados e ineditismo nessa experiência.

A partir daí, reflita se caberia divulgá-la para estimular outras iniciativas.

Isto é, caso a sua experiência se concretize na prática, cabe coletar e guardar as informações ao longo de todo o processo, a partir de observação participante, por exemplo, como relatei no capítulo 4. Pode-se trabalhar com a triangulação de dados qualitativos, alicerçado no diário de campo, atas e relatórios do processo de planejamento e acompanhamento das atividades do projeto. No mais, é importante que a análise dos resultados busque preservar as perspectivas dos diversos atores (MACHADO, 2019).

Este registro dará subsídios para refletir a experiência, identificar aprendizados e possibilitar a comunicação/publicação para o mundo. Aliás, recomendo que você possa compartilhar e disseminar resultados relativos às SBN, saneamento ecológico, pesquisa-ação e DD, pois ainda temos poucos relatos acadêmicos nesse sentido.

Foi baseado na minha reflexão sobre a minha prática em uma pesquisa-ação com Dragon Dreaming e saneamento ecológico, que eu me permiti refletir sobre os aprendizados e compartilhá-los em oficinas, trabalhos acadêmicos e, em especial, neste livro. Desta forma, retratarei no capítulo a seguir uma experiência de SBN, com a utilização do método DD, a partir da inclusão de ferramentas de avaliação e PEPC realizada na pesquisa-ação de saneamento ecológico desenvolvida junto à comunidade caiçara da Praia do Sono (Paraty, RJ).

RODA DE CONVERSA DE SANEAMENTO ECOLÓGICO NA PRAIA DO SONO
FOTO: EDUARDO NAPOLI

CONSTRUÇÃO DE SANEAMENTO ECOLÓGICO NAS MORADIAS NA PRAIA DO SONO
FOTO: EDUARDO NAPOLI

6.

UMA EXPERIÊNCIA PRÁTICA DE PESQUISA-AÇÃO COM SOLUÇÕES BASEADAS NA NATUREZA

"Às vezes as pessoas falam assim: 'ai, que morar aqui no Sono, todo dia a mesma coisa, todo dia a mesma coisa'. Todo dia a mesma coisa porque tu não tem noção, tu não percebe, tu vê, tu não tem olho, porque pô, o mar hoje está assim, amanhã tem maresia, amanhã mudou a barra, amanhã a folha caiu, já nasceu uma flor... todo dia é diferente, todo dia. Então assim, tem que ter esse olhar, quando tu gosta, é quando tu namora... quando tem um namorado, um marido... quando sua relação não tá dando mais certo você não vê mais nada naquela pessoa, você briga, implica com tudo, o cara senta do teu lado e tu quer bater nele. Quando tu ama, quando tua relação tá boa, cada dia tem uma coisa nova, sabe?! Surge uma coisa nova. Todo dia a pessoa tá mais bonita, acordou mais bonita, é diferente, é o amor que você tem, assim é o amor que você tem pela natureza, pelo mar, pela praia, pela areia, pelo Sono, em si. Então cada dia tem uma novidade, uma coisa mais bela do que a outra."

(LUIZA)(MACHADO, 2019, p. 252)

Existem diversas aplicações do saneamento no campo participativo que consideram as vozes do território, da sociedade civil, dos atores locais e dos pesquisadores ou de iniciativas. A atuação pode ter vários focos, como o campo das soluções tecnológicas (FONSECA, 2008; GABIALTI, 2009; PAES, 2014) ou da participação social (TOLEDO, 2006) e da implementação, como políticas públicas. Até porque as tecnologias sociais, especialmente as de saneamento, podem e devem ser extrapoladas como políticas públicas.

Nesse caminho, o movimento da Articulação do Semiárido (ASA) é uma das maiores referências nacionais de construção de movimentos sociais em rede, junto com o poder publico, a partir de projetos desenvolvidos da força social de convivência com o semiárido (COSTA; DIAS, 2013).

Na minha trajetória ao atuar com pesquisa-ação participativa por cinco anos junto com comunidades tradicionais, toda minha visão mudou, seja pelas questões tecnológicas, seja por todos os desafios em trabalhar com diversas ecologias mentais e compreender que todas traziam uma visão diferenciada e pertinente (MACHADO, 2019). Em minha tese, uma pesquisa-ação em saneamento ecológico com comunidades tradicionais trouxe essa experiência de uma maneira acadêmica, mas sinto que é importante falar do que aconteceu no campo, contrapondo olhares, sentidos e compreensões, tanto meus quanto das pessoas que interagi, pois, a transformação individual e coletiva muitas vezes acontece no não dito.

Para isso, pensei mais em conversar com vocês, baseado no que vivenciei, trazendo as vivências e desconstruções que vivi no meu processo. Mas já começo partilhando uma reflexão que sempre me toca: quem aprendeu mais: eu, a comunidade ou cada ator local?

Sinto que cada um que se envolveu e que se permitiu estar aberto para o diálogo – seja para convergir, seja para divergir –, se transformou, de alguma forma. E é exatamente por isso que busquei trazer tanto o caminho percorrido quanto parte do meu diário de bordo, das minhas emoções, dos meus atravessamentos e aprendizados, que fizeram desta vivência, desde a minha chegada no território, uma experiência de escuta com a natureza que envolveu as pessoas, inclusive a mim mesmo. Vem comigo, que nesse caminho a ideia é podermos desconstruir percepções e religarmos esse contato com a natureza.

Para falar da natureza e das pessoas, é crucial contextualizar **que local é esse e por que eu escolhi estar lá.** E, já começo colocando, que fui indicado para o projeto e caí de paraquedas, sem saber exatamente o que viria e quais seriam meus aprendizados.

Que local é esse?

Para além de comunidades tradicionais (caiçaras, indígenas e quilombolas) Paraty e seu entorno contemplam um dos principais fragmentos de Mata Atlântica, integrando dez unidades de conservação distribuídas em nove municípios dos estados do Rio de Janeiro e São Paulo, que compreendem o chamado Mosaico Bocaina. Aliando à diversidade cultural e natural, em 2019, o Comitê do Patrimônio Mundial da Organização das Nações Unidas para a Educação, Ciência e Cultura (UNESCO) reconheceu Paraty (RJ) e áreas de outros cinco municípios destes estados (RJ e SP) como patrimônio mundial misto da humanidade, o primeiro do Brasil e único da América Latina.

Paraty é um município do litoral sul do Rio de Janeiro, na região administrativa denominada Costa Verde. Enquanto destino turístico de sol e praia, sofre como muitos outros localizados no litoral brasileiro com a especulação imobiliária, disputa de terra e demais impactos do turismo de massa.

Relativo a isso, na Costa Verde, em meados dos anos de 1970, grandes projetos de construção e uma forma de turismo predatório produziram mudança social, econômica e ambiental, fatores que intensificaram as desigualdades sociais e a pressão sobre os territórios de comunidades tradicionais (GALLO; SETTI, 2014).

Neste contexto de busca por direitos e justiça socioambiental, as comunidades tradicionais, por reconhecer necessidades afins, devido às mesmas características de exclusão social, se uniram com o objetivo de defender seus direitos, em 2006, por meio da criação do Fórum das Comunidades Tradicionais de Angra dos Reis, Paraty e Ubatuba (FCT). O objetivo do FCT não é apenas proteger o território, mas organizar campanhas de resistência e promover agendas afirmativas que assegurem uma qualidade de vida às comunidades, de modo que mantenham seus recursos naturais, direitos civis e sua forma de bem viver (GALLO et al., 2016).

A partir das demandas do FCT, estabeleceu-se uma parceria com a Fundação Oswaldo Cruz (Fiocruz), apoiada pela Fundação Nacional de Saúde (Funasa), para a criação do Observatório de Territórios Sustentáveis e Saudáveis da Bocaina (OTSS). Com base nas demandas dos próprios comunitários do território, o primeiro passo do projeto envolveu a criação integrada e participativa de uma agenda territorializada com uma perspectiva contra-hegemônica na qual se discutiu uma matriz de problemas, por meio de planejamento participativo, utilizando a metodologia de pesquisa-ação e ecologia de saberes, para ouvir as necessidades das comunidades do território por meio de seus representantes, baseado na tese Efetividade de estratégias territorializadas de desenvolvimento sustentável e saúde: construção e aplicação de uma matriz avaliativa, de Andrea Setti (2015).

Na primeira espiral da pesquisa-ação do OTSS, baseada no planejamento participativo, foram identificadas as principais questões que afetam à saúde das comunidades tradicionais. Compreendendo a saúde de maneira ampliada, percebeu-se a necessidade de estruturar ações de: saneamento ecológico, educação diferenciada, agroecologia e turismo de base comunitária, articuladas e apoiadas por uma incubadora de projetos focada na promoção da saúde e da sustentabilidade socioambiental (GALLO; SETTI, 2012).

A partir de uma problemática estabelecida coletivamente, na inter-relação entre pesquisadores e comunitários, definiu-se o escopo de atuação do OTSS, que trabalha nos campos definidos pelas comunidades, com envolvimento efetivo de seus representantes, na qualidade de pesquisadores-comunitários. Nesse contexto, o OTSS recebeu recursos da Funasa, através de termos de cooperação, que foram executados por equipes multidisciplinares compostas por pesquisadores acadêmicos e pesquisadores comunitários da Fiocruz, da Funasa, do FCT e do território.

Para além das questões mencionadas e por se perceber a necessidade de uma abordagem psicossocial que contemplasse efetivamente os atores do território e seus olhares, o projeto de saneamento ecológico que atuei foi estudado e sistematizado por meio de análise qualitativa, como uma tese de doutorado (MACHADO, 2019). Na verdade, eu entrei no doutorado exatamente por compreender a dificuldade de se trabalhar com a pesquisa-ação e percebendo que eu precisava de arcabouços teóricos para dar conta do que eu vivia em campo. Mal sabia eu que o território fala por si e que grande parte da minha teoria seria contestada tanto na prática acadêmica quanto no campo.

Dessa forma, esse projeto se caracterizou como uma PAIS por abordar a problemática do saneamento ecológico, em um território escolhido pelo FCT, com os passos antecessores de envolvimento das comunidades do entorno, a partir da contratação de comunitários como pesquisadores e de propiciar o diálogo com os demais atores do território ao longo de todo seu desenvolvimento. Assim, o processo foi construído coletivamente, envolvendo: o FCT, a Associação de Moradores da Praia do Sono (Ama Sono), a Fiocruz, a Funasa, a UFRJ e os demais atores locais, a Prefeitura Municipal de Paraty (PMP) com suas diversas secretarias, a Área de Proteção Ambiental Cairuçu (APA Cairuçu), a Reserva Ecológica Estadual da Juatinga (REJ/INEA) e o Comitê de Bacia Hidrográfica da Baía da Ilha Grande (CBH-BIG), com a premissa de que é o ator coletivo, a rede interligada, que pode gerar transformações de teoria e prática, baseado no diálogo.

O FCT, coletivamente, definiu como ponto de partida a implantação de saneamento ecológico, integrando ações estruturais (obras) e estruturantes (educação e participação social), junto às comunidades caiçaras, por serem as que têm menos direitos garantidos, priorizando a comunidade caiçara da Praia do Sono (GALLO; SETTI 2012b; GALLO et al., 2016). Este projeto procurou sensibilizar e engajar a comunidade e os atores envolvidos no processo, de forma transversal e integradora, como uma metodologia educativa, a partir da práxis e do diálogo, permeando cada decisão, com base na inclusão dos comunitários como pesquisadores e atores de sua própria história, como explicitado por Freire (2016).

Assim, busco retratar a minha aproximação com o território no campo da percepção e da escuta, relatando a prática, os desafios e os aprendizados, a fim de traduzir sensações para além da teoria, que normalmente lemos nos estudos acadêmicos.

Por que eu escolhi estar lá?

Eu tinha acabado de fazer o curso Educação Gaia e a minha vida tinha mudado bastante. Já não era apenas um engenheiro atuando na área ambiental e sim compreendia as terapias holísticas, o *reiki*, o alinhamento energético, o Dragon Dreaming e a gestão colaborativa de projetos e o saneamento ecológico e a permacultura. Eu percebia que o mundo que conhecia podia ser diferente, mas eu não sabia como trazer isso para minha atuação no mundo como engenheiro. Foi nesse momento, já trabalhando na Fiocruz como pesquisador bolsista na área de gestão, que chegou a indicação de que eu poderia ser a pessoa para atuar junto a um projeto com comunidades tradicionais em Paraty (RJ).

Eu lembro que o meu primeiro movimento foi pensar: será que eu estou preparado para isso? E me deu um frio na barriga, tanto pela novidade quanto pelo potencial do que estava por vir. E referente ao trabalho, foi falado sobre pesquisa-ação, participação social, e tudo era muito interessante e sedutor porque parecia que eu podia conectar o que tinha aprendido no campo teórico, mas ao mesmo tempo era algo muito diferente do que eu conhecia como engenheiro convencional.

Eu já tinha feito essa mudança na minha vida como terapeuta holístico, contudo faltava integrar isso na minha atuação na engenharia. Pensaram em mim exatamente porque esse era um projeto de saneamento ecológico e já me consideravam um engenheiro não tradicional. Eu só não sabia que uma atuação junto com comunidades tradicionais e atores locais ia me transformar tanto.

Eu já tinha ido a Paraty como turista, em casal e também tinha ido para um momento de conexão espiritual com os *hare krishna*, mas eu sabia muito pouco da diversidade cultural e do quanto as comunidades resistem e persistem naquele local. Pensaram em mim, me indicaram e eu fui lá conhecer Paraty, para saber se fazia sentido.

Chegar já foi um grande choque cultural para mim, por compreender todas as desigualdades sociais, as disputas e o quanto aquele território passa por conflitos que são cíclicos, históricos e presentes até hoje, em função de muitos processos de falta de comunicação e de dificuldade de escuta. Mas é desse contexto de disputa que nasceu essa pesquisa-ação.

Foi interessante chegar no campo para um planejamento participativo que duraria uma semana e já entrar em contato com pesquisadores e comunitários que se conheciam e tinham uma relação. Senti que era alguém que estava chegando e de fato eu estava chegando porque ainda não tinha alguém para cuidar das ações de saneamento ecológico. A pessoa que fez o projeto inicial para o edital era um servidor da Fiocruz e não poderia assumir porque tinha outras responsabilidades.

É interessante relembrar que essa pesquisa-ação (em saneamento ecológico) derivou de oficinas de diálogo e planejamento. De forma que os comunitários já vinham discutindo as ações e as necessidades há três anos e ansiavam por ainda não ter ações concretas acontecendo no território. Então esse primeiro planejamento foi um processo de conflito, de dificuldade, pois as lideranças queriam que as ações acontecessem logo. O dinheiro tinha acabado de entrar, era um momento de organização inicial do projeto e eu me senti aportando no desconhecido.

Eu lembro que a gente (equipe) foi para Praia do Sono e, nesse processo, as lideranças, que são o Ticote e o Jadson, estavam reclamando junto com vários comunitários que eles queriam que as obras começassem em duas semanas. Naquele momento eu pensei: como assim? Não dá para começar obras públicas em duas semanas. A gente precisa de um projeto, depois se organizar e compreender. Eu trouxe "essa voz" e entramos num grande embate entre técnicos e comunitários. Ficou muito claro que tanto eles quanto nós vislumbrávamos a situação por prismas diferentes. Ao passo que o pesquisador comunitário caiçara permacultor (Ticote) representava um ponto de vista coletivo, e eu outro ponto de vista. Isto é, seria necessário um alinhamento, inclusive dos tempos, entre quem chegava e o próprio território/comunidade, para uma construção dialógica como premissa metodológica desta experiência.

6.1 O caminho metodológico dessa experiência

"É uma comunidade muito rica com essa ancestralidade, né. Bem antiga em relação a uma comunidade oriunda dos antigos refugiados escravos, né, que são os negros. Até porque aqui do lado tinha fazenda de escravo, né (...) e nós somos também descendentes de europeu, logo, os invasores dessa região também, e os indígenas ribeirinhos que habitavam as beiras de praias, beiras de rios, que vieram constituir o povo nosso caiçara que somos nós hoje, né?! (...) e estamos até hoje sem um marco legal na nossa história no que se refere à defesa do território embutido na Constituição Federal (...). Nós temos a nossa luta e nós não estamos dentro desse aporte legal tão importante, a qual a defesa desse território caiçara que é tão sugado, tão massacrado, né?! Tão, é, fragmentado e ao mesmo tempo tão importante pro litoral brasileiro essa riqueza cultural de saberes, né, de tradição e que esse povo ele tá muito oprimido, até por morar onde ele mora atualmente. Nós fazemos parte desse povo, né, na qual não tem regulamentação fundiária, alimento feito da terra coletivo. É, tem várias ações discriminatórias, ações civil pública, né, contra o nosso povo, ação de requerimento de terra, do Estado, da União, principalmente dos grileiros de plantão desde a década de 70. Existem várias ações discriminatórias, e aí conheço, fragilizam muito as comunidades caiçaras, que acabam sendo expulsas pra periferia da cidade, e de lá perde sua cultura, né? E sua identidade, né, e a partir daí ficam muito vulneráveis a todo tipo de consequência ruim das grandes cidades."
(PEDRO) (MACHADO, 2019, p. 229)

A experiência buscou refletir como o processo de construção dialógica se deu na prática e como o mesmo me atravessou pessoalmente. Na questão acadêmica, tal qual a discussão teórica do capítulo 3, trabalhei com a abordagem metodológica em espirais, na qual foram realizadas as atividades e depois pude avaliar os resultados, a partir dos *feedbacks* do ambiente, por meio de observação participante e da condução de entrevistas semiestruturadas, de acordo com os seguintes ciclos em espiral: i) a caracterização do território; ii) a escolha da tecnologia; iii) condução das ações de educomunicação na escola; iv) construção do primeiro módulo na escola; v) construção nas casas; e vi) desdobramento nas casas. Descrevo melhor cada item desse e as experiências vivenciadas nos capítulos seguintes.

Essa descrição foi utilizada na minha tese, mas nesse livro a ideia é ser não linear, mostrar sensações coletivas e individuais que emergiram no caminhar. Para ilustrar melhor o que aconteceu no campo, busco partilhar com vocês, além dos relatos pessoais do meu processo de desconstrução, baseados em diário de campo, os diálogos e tensões obtidos nas entrevistas, para poder tangenciar o processo em camadas mais profundas e emocionais, que é o que realmente faz a diferença, quando estamos falando sobre participação social e engajamento.

Eu não tinha noção de como traduzir esse processo. A busca por referenciais, a sensação de estar perdido, não saber como conectar os pontos, não ter trabalhado com pesquisa-ação antes. Assim, aprendi pesquisa-ação fazendo na prática.

Eu lembro que pensei: como vai ser difícil esse trabalho! Será que consigo? Essas perguntas foram constantes ao longo da minha aproximação do território e da minha chegada e se mantiveram a cada ação. Eu sempre me perguntava: como que vou dar conta desse desafio que está acontecendo

E te pergunto, para você que tem atuado tanto na pesquisa quanto na extensão e na ação, como você faz quando se depara com uma novidade completamente diferente da sua zona de conforto? Quando uma situação completamente diferente da habitual emerge, você vê um desafio ou uma oportunidade?

Te convido a refletir sobre alguma situação que você percebeu como desafio na sua vida. Você conseguiu parar e refletir sobre como poderia transformar aquele desafio em oportunidade? Se puder, escreva um desafio que te fez perder o chão e paralisar e um outro que transformou em oportunidade. Quais foram os impactos de cada um? Escreva sobre isso também para estarmos conectados nessa caminhada.

Eu te garanto que desde que entrei em contato com esse projeto, o que mais fiz foi perceber desafios complexos, ficar na pergunta, para transformar os mesmos em oportunidade e a ideia é partilhar alguns deles com vocês.

aqui na minha frente? E um dos aspectos mais relevantes era ficar na pergunta e ouvir mais do que falar, quando eu chegava nesse impasse.

Eu também lembro que quando cheguei, vi o quanto as lideranças comunitárias eram engajadas; o que seria muito positivo, ao mesmo tempo me incomodou a forma como se colocavam, porque eu me sentia pressionado, sabendo que era necessário mais tempo para planejar e organizar antes de dar início às obras no curto prazo que esperavam.

No meio das ações do planejamento, a gente foi almoçar no restaurante comunitário do quilombo do Campinho, que é uma comunidade altamente engajada. Na hora do almoço, todo mundo me falou que a comida é incrível e eu comi, realmente, um peixe incrível com uma farofa de banana que me deixou feliz quando chegou. Mal sabia eu que a farofa tinha camarão (não estava descrito no prato) e eu sou alérgico a frutos do mar. Assim que comi a minha garganta começou a fechar e precisei ir embora do planejamento para tomar vacina. Nesse processo, ainda em contexto de conflito com Ticote, quando voltei o meu apelido já tinha sido dado: camarão. O Ticote é uma comédia. Ele já estava incomodado comigo e me deu esse apelido "carinhoso", que permaneceu comigo até hoje, sempre que eu volto ao território. Foi aí que eu percebi que precisava me conectar com aquele território de outras formas, que precisava ouvir a natureza, precisava conhecer aquelas pessoas e, literalmente, me integrar no lugar que era completamente diferente de tudo que eu conhecia.

Depois que a gente voltou para Praia do Sono, enquanto eu ia de barco, via no meio daquela natureza exuberante, as casas, os bares e

pensava: como que a gente vai trazer saneamento nesse lugar? Como fazer isso se a gente tem que vir aqui por barco? Eu lembro que voltei para o território com Ticote e Jadson, e eles apresentavam ideias de saneamento ecológico que eu não considerava adequadas e isso me preocupava ainda mais. A minha preocupação também o preocupava, pois ele tinha uma dificuldade de acreditar que ações práticas iam acontecer.

Entre uma atividade e outra, pude dar um mergulho e senti que eu precisava de alguma forma falar com aquele mar. Nesse momento, cantei uma música que me conecta muito com as minhas frequências energéticas, que é a música do Jangada: "Suíte do pescador", de Dorival Caymmi. Cantar essa música me fez me conectar com a energia daquele mar e daquele lugar.

> "Minha jangada vai sair pro mar
> Vou trabalhar, meu bem querer
> Se Deus quiser quando eu voltar
> do mar
> Um peixe bom eu vou trazer
> Meus companheiros também
> vão voltar
> E a Deus do céu vamos agradecer"

Eu entendi que precisava me conectar com aquele mar, percebi que precisava pedir permissão para a natureza, para aquele território, para aquela comunidade, para aquelas pessoas. Naquele momento, pedi autorização para aquela comunidade dentro de mim mesmo, para aquele mar. E pedi que eu pudesse ser um instrumento de escuta para fazer o que fosse melhor e que pudesse compreender quais eram as necessidades daquelas pessoas. Lembro que logo depois eu fui falar com Ticote e me desculpar pelo meu posicionamento e no mesmo momento ele veio fazer o mesmo.

É interessante que quando a gente pode pedir permissão dentro da gente, e se conectar com a natureza, com território – como os próprios indígenas falam, as portas se abrem de uma forma diferente. Um outro ponto é que quando eu harmonizei a minha relação com Ticote, de alguma forma ele sentiu isso e também pôde se abrir para diálogo comigo. Ou vice-versa.

A partir daí uma grande mudança se fez tanto na nossa relação quanto na minha relação com a equipe. Eu lembro que alguns técnicos estavam preocupados com a minha comunicação e como eu traria a técnica ou como faria essa costura, e eu também tinha essa preocupação porque não sabia qual tecnologia que a gente ia utilizar e nem sabia as melhores formas de interagir.

Depois desse planejamento participativo, eu voltei para o Rio e fiquei pensando como minha vida ia mudar. Eu não tinha a menor noção de tudo que ia acontecer. Conversas aconteceram, os alinhamentos foram feitos para que eu entrasse nesse projeto. Um grande amigo que começou como meu chefe na Fiocruz, Tatsuo, foi quem me indicou e apoiou no início de todo esse processo. Engraçado que ele também estava na reunião de planejamento conflituosa nesse primeiro momento e, considerando sua ascendência japonesa, ganhou o apelido de Pikachu.

Daí em diante, comecei a viajar para Paraty para entender como a gente ia desenhar esse processo, e como eu mesmo não sabia, a gente começou a fazer visitas técnicas em vários lugares para compreender as possibilidades. Nossa primeira visita foi ao IPECA (Instituto de Permacultura e Educação Caiçara), que é do Ticote, fica no Pouso da Cajaíba e tinha filtro de água cinzas.

Eu lembro que fui exatamente no dia do jogo da Copa do Mundo e que o Brasil perdeu de 7 a 1. Fui com o Ticote para ver o jogo, assistimos com um grupo e ele ficou me sacaneando na comunidade, falando que eu era "pé-frio". Mas, para além disso, foi incrível ir de barco com ele até lá, ser muito bem-recebido, conversar sobre as questões de desigualdade e o quanto era complexo para ele trazer certas conscientizações para os comunitários. Conscientização essa que ele tinha desenvolvido, a partir de todo o crescimento da comunidade, que ele acompanhou desde pequeno. E, fazendo comida com Ticote, conversando noite adentro e compreendendo muito da forma dele de ver o mundo, o meu coração foi extremamente tocado pela força daquela pessoa na minha frente. No dia seguinte, ele me mostrou o rio, as águas, o quanto as pessoas descartavam seu esgoto muitas vezes direto no rio e quanto deste estava contaminado.

O Ticote definitivamente tem e apresenta uma visão diferenciada. Lá na casa dele ele tinha construído um filtro de água cinzas e um banheiro seco. Ele me mostrou os dois: o banheiro seco do lado da cozinha, sem cheiro nenhum. E, orgulhoso, me mostrava como que aquelas tecnologias podiam ser construídas de forma barata, simples, e "encaixada" ali, ajustada ao território. Eu percebi o quanto tinha para aprender com ele em múltiplas camadas, não era sobre saneamento ecológico, permacultura, participação social, mas era sobre uma forma diferente de viver e de olhar a vida, entender as pessoas e de bem viver.

Foi interessante que já no nosso segundo contato, percebi o quanto ele era meu mestre naquela caminhada e o quanto eu precisava aprender com ele, seja nos movimentos, seja na forma que ele se colocava, na forma que ele cuidava da casa, da natureza, do seu jardim, das plantações, e como cada palavra, que era muito natural para ele, transbordava na sabedoria inerente ao que ele tinha vivido com tudo ali. Mas um compromisso se fez dentro de mim, não somente de dialogar, mas aprender com ele. Porém, me faltavam ainda muitas ferramentas para fazer isso.

A partir daí, eu comecei a ter um diálogo para compreender e conhecer as pessoas do Observatório. A gente ainda não tinha uma sede, não tinha espaço físico, então nos encontrávamos em cafés, na rua, em casa e em diversos lugares para dialogar.

Eu comecei a conhecer os atores locais e estabelecer relações com eles, tanto os apoiadores da Prefeitura Municipal de Paraty quanto os representantes da Reserva Estadual Ecológica da Juatinga, da Área de Proteção Ambiental Cairuçu, do Comitê de Bacia da Região Hidrográfica da Baía da Ilha Grande - CBH BIG, as lideranças do Sono e do Fórum de Comunidades Tradicionais, os técnicos.

Uma coisa que pude perceber é que havia muito ruído, o que tornava complexo o diálogo entre os diversos atores e suas respectivas vontades e perspectivas. Outra questão era que a Funasa se colocava como fiscal nos projetos, mas essa era uma execução descentralizada, ou seja uma parceria. Neste contexto, foram estabelecidos grupos de trabalho e eu comecei a conversar muito com os técnicos da Funasa, agendar reuniões mensais com os grupos de trabalho da Funasa – de educação e da área técnica de projetos –, com a prefeitura e com os comunitários. Essa reuniões foram fundamentais para começarmos a conversar sobre os projetos, como eles seriam pensados, construídos, desenvolvidos e quais seriam as atividades de reconhecimento/ visitas a outras iniciativas e como faríamos para saber o que construir naquela comunidade.

Quando começamos a fazer as visitas técnicas, eu comecei a entender a dimensão do projeto e que precisava de mais aprendizado, tanto técnico no saneamento quanto um responsável legal, e também aprendizado teórico de pesquisa-ação. Daí, eu fiz uma escolha de falar sobre a importância de um(a) arquiteto(a) e, posteriormente, um arquiteto foi contratado para poder fazer o projeto conjuntamente, acompanhar a obra e conhecer todos os detalhes.

Foi então que percebi que eu também precisava compreender melhor o que era pesquisa-ação e como ela podia ser estruturada. Um passo para isso foi me inscrever no doutorado em Psicossociologia, a fim de integrar a pesquisa-ação, o saneamento ecológico, a atuação com comunidades tradicionais e a questão da participação social. E foi nevrálgico para mim conectar a escuta da comunidade a um arcabouço teórico a partir de autores como Paulo Freire, Moscovici e Thiollent, que respaldam pontos de vista do que percebia empiricamente no campo e na minha relação com as pessoas.

Aliás, a relação entre os atores locais era conflituosa e complexa. Cada um trazia uma visão de mundo distinta. Isso partia tanto dos técnicos como dos comunitários, da prefeitura e também das lideranças. Havia dificuldade de diálogo, inclusive para tratar da temática do saneamento ecológico. Por isso, começamos a fazer reuniões mensais com cada ator local para ampliar a escuta e construir o projeto a partir destas diversas vozes.

Assim, eu comecei a fazer atas das reuniões, registros das visitas técnicas e também um diário de campo para anotar o que estava acontecendo e o que eu percebia. Foi interessante que eu ainda não me considerava um pesquisador, mas, intuitivamente, registrava as informações que utilizaria no meu doutorado e nos relatórios técnicos da cooperação.

SANEAMENTO ECOLÓGICO COM HIPERADOBE
FOTO: EDUARDO NAPOLI

7.

A ESCOLHA DA TECNOLOGIA

"Os índios já sabiam viver na Terra, assim como os negros, né?! E com a chegada dos europeus eles também aprenderam. Então o caiçara... ele sabe fazer a casa. Ele chegava em um lugar assim, que não tinha nada, ele pegava a madeira e construía a sua casa, fazia seu fogão à lenha, plantava sua mandioca, fazia a sua farinha... Antigamente era tudo feito na mata. Era as madeiras encaixadas, feito de palha, os traçado. E aí não tinha essas coisas de hoje que as pessoas vai na casa de farinha e tem um monte de coisa de ferro, de negócio de ralar a mandioca... Era lata, né?!"

(LUIZA) (MACHADO, 2019, p. 230)

Quando a gente começou a fazer as visitas técnicas, a equipe já estava maior, com o arquiteto (Tiago), a engenheira representante da Funasa (Patricia), permacultor (Ticote), liderança da Praia do Sono (Jadson), educadora quilombola e coordenador do núcleo de transição tecnológica. Assim, a gente tinha um grupo para poder debater sobre os melhores caminhos e discuti-los com a comunidade.

E foi interessante poder pensar juntos o que fazer, porque a gente tinha um ator coletivo, uma voz coletiva que trocava sobre o que via em cada localidade visitada. Mesmo quando alguns não iam, a gente trocava sobre o que foi visto, como foi visto e como a tecnologia poderia ser implementada, conciliando a cultura do local e as especificidades do território.

Um outro ponto relevante é que não fui eu que fiz a caracterização sanitária do território. Ela foi feita previamente por uma equipe do politécnico da Fiocruz que produziu um mapa das águas com a comunidade, compreendendo os pontos mais complexos do rio (Barra), e foi também esta equipe quem construiu o projeto que captou a verba para que o processo de saneamento ecológico acontecesse.

Eu estive na comunidade junto com Jadson e com Ticote justamente para compreender melhor este contexto, andar pela comunidade, conhecer a fonte de água para consumo, o descarte de esgoto e conversar com os comunitários para refletir o que poderia ser feito. Contudo, foi exatamente naquele momento que eu bebi a água direto da pia, e passei mal. Os comunitários falavam que a água era potável, que era boa e não havia problema. Visualmente ela parecia boa, pois era cristalina, mas o meu estômago me dizia outra coisa. Tive um processo de diarreia, que me mostrou que a água tinha contaminação. Fato também verificado por meio de análises realizadas pela equipe da Fiocruz/Funasa e discutido tanto com a comunidade quanto com a prefeitura.

É importante falar que essa não é uma questão exclusiva das águas da Praia do Sono, mas das nascentes daquela região, o que se reproduz em muitas áreas rurais do Brasil. E a percepção de uma água inadequada como "limpa" na Praia do Sono é também um espelho de que às vezes a população consome a água que não está potável, mas já está acostumada. Esse é um ponto de discussão que se mantém até hoje. Eu continuo conversando com os comunitários, entretanto, a gente ainda não tem um alinhamento sobre a água de nascente ser ou não potável. Essa é uma cultura muito presente na região da Bocaina, de que a água é boa, sendo que os hábitos mudaram, há muito descarte de esgoto próximo dos rios, em sumidouros e, às vezes, direto no rio.

Outro entendimento discrepante é que os sumidouros são denominados como fossas. Então há uma cultura na região de cavar um buraco, às vezes deixar aberto e descartar as "águas negras". Aliás, a gente não utiliza mais esse termo, mas sim "água de sanitário", mas depois eu explico. Muitos comunitários falavam que tinham fossa, quando na verdade era um sumidouro. Esse desalinho é uma questão que acontece na área rural. Um outro ponto é que os comunitários consideravam a água abundante e se conectavam muito com o rio, mas nem sempre com o tratamento do esgoto. Havia uma sensação de separatividade entre a água que se consumia e a água que se descartava. Cabe contextualizar que isso também acontece nas áreas urbanas.

Ademais, a percepção e cultura de abundância, com a compreensão de que a água era disponível, levava ao hábito de muitas vezes manter as torneiras abertas. Eu só pude compreender isso com profundidade quando fiz as entrevistas com os comunitários. Acontece que antigamente as águas eram retiradas e distribuídas direto por bambu. As águas passavam perto da casa e com isso, por mais que passassem a ser utilizadas mangueiras/"macarrões" pretos que pegam da nascente, ainda se mantinha uma cultura como se fosse a utilização antiga por bambus. Nesta, a água corrente passava direto do lado da casa e voltava para o rio. Assim, mesmo com a substituição dos bambus, o uso da água é realizado com pouca ou nenhuma contenção, na medida em que a torneira da pia, que é muitas vezes instalada fora da casa, às vezes fica sem registro e/ou com registro aberto. E isto está muito conectado com a cultura antiga de captação e uso da água.

Eu falo isso porque é importante a gente conhecer o histórico e a cultura de cada comunidade, para saber por que os hábitos acontecem assim. E eu demorei para entender isso e o quanto é imprescindível compreender a cultura hídrica da comunidade. Para isso, eu divido com vocês algumas percepções da comunidade sobre a importância do rio da Barra – tanto religiosamente quanto cultural e turisticamente –, e também a relação com a captação de água e como se dá essa cultura de abundância

> "Não tinha essa noção, para eles não era sujo e pra mim também não era, tanto que eu comia o camarão que estava ali do lado lavando roupa, com a espuma de sabão. O rio era o lugar onde todo mundo limpava peixe. Não limpava peixe na pia, limpava peixe no rio. A lembrança que eu tenho é isso, todo mundo usava o rio. Os mais velhos iam lá, você ia lá catar camarão, tinham várias bacias de roupa de molho, sabe?! Pelas beiradas do rio, assim, a relação com o rio sempre foi essa de, não sei dizer..., acho que era mais de..., era meio que..., não sei, não sei se tinha um cuidado com a água, mas eles usavam muito da água, lavava a louça na cachoeira. Eu já perdi várias canecas, copos, lavando louça na cachoeira, porque a correnteza levava. Mas a nossa relação com a água era essa, que eu me lembre, a gente usava muito as cachoeiras, os rios. O mar nem tanto, tanto que tem muita gente no Sono, inclusive minha avó, e várias outras, que não sabem nem nadar, que nunca entraram no mar [...]. E a gente tomava muito banho de cachoeira, no final de tarde com xampu, com sabonete, a gente fazia muito isso. Mas no mar, não era essa relação, não tinha com o mar, era mais a pesca e o trajeto, era o acesso mesmo, né?! [...] O rio da Barra sempre foi um lugar de muita brincadeira mesmo, de levar as crianças para aprender, aprender a nadar, pra aprender a sei lá, remar, as crianças, as menores, todas as crianças pequenas iam muito para a Barra" (MILENA).

> "Eu me lembro que juntava cada trecho de rio, de cachoeira, tinha um nome. Se aquela família se servisse naquele rio, a pessoa mais antiga da família, né, que é o mestre, que é a dona de casa, por exemplo, ela se daria o nome daquela pessoa pro trecho do rio". (PEDRO)

"Porque quem tava mais no topo, em cima, se preocupava com quem era o último da ponta lá embaixo, né?! Então ele não jogava, não deixava... se a gente, criança, jogasse qualquer coisa dentro do rio, né, podia ter certeza que a gente ia levar uma bronca, ou já ia levar uma bagaçada, sabe? [...]. Então tinha que ficar esperto para não jogar sujeira dentro do rio, né? Porque sabia que abaixo tinha um tio, tinha um primo, tinha alguém que tava utilizando daquela água" (RAFAEL)

"O rio da Barra é uma coisa bem importante pra comunidade, cara, porque ali, cara, tipo... eu quando era criança, praticamente aprendi a nadar ali, tá ligado. Não só eu (...). Acho que todo mundo daqui deu um mergulho na Barra, aprendeu a nadar ali, brincando. E uma outra coisa que acontece é batizado de igreja (...). Parada acontece lá, esses batizados. Pessoal, eu mesmo me batizei lá, fui batizado. Sim, eles usam para batismo não é de hoje, tá ligado?! Isso já vem mais de trinta anos, já (...), de mergulhar a pessoa na água" (ROGÉRIO)

Depois de voltar à comunidade, fizemos cinco visitas técnicas em diversas localidades pelo estado do Rio de Janeiro e de São Paulo, conhecendo aplicações práticas de tanque de evapotranspiração, de banheiro seco, e sistemas convencionais de fossa, filtro, sumidouro construídos no Quilombo da Fazenda, em Ubatuba; ainda, uma comunidade que tinha um sistema condominial com tratamento por lagoa; no Tibá, e no IPEMA, a gente discutiu bastante a questão dos banheiros secos e das "águas negras". Esse foi um ponto de inflexão importante no processo, com contribuição da educadora quilombola que estava com a gente, quando falávamos sobre águas cinzas e águas negras. Ela questionou:

"Por que águas negras? Por que vocês utilizam a palavra negra pras águas do vaso? Isso faz parte da exclusão social que passamos, na qual vocês denominam o que é sujo como negro".

Eu expliquei tecnicamente o que eram águas negras e águas cinzas, mas ela não se contentou com a resposta e continuou indagando que o termo "águas negras" dá uma classificação de negro como algo que é ruim, que são as fezes. A gente entrou numa discussão de duas horas sobre aquela questão e foi uma grande desconstrução para toda a equipe e especialmente para mim, que ainda tinha um olhar cartesiano. A gente pensou em chamar as águas negras de água imundas, mas a gente queria trabalhar com saneamento ecológico e não fazia sentido também falar que aquela água não tinha valor ou que estava suja. A ideia do saneamento ecológico é que a gente fecha os ciclos e que a água e os nutrientes sejam vistos como matéria-prima para gerar energia e o alimento.

E a gente ficou nessa reflexão e não se preocupou com a resposta naquele momento. Numa outra reunião chegamos à nomenclatura que é utilizada hoje: "água de sanitário". Então, atualmente, inclusive nos artigos, a gente fala sobre essa questão das águas cinzas e águas de sanitário, explicando o que são, a partir de onde essas águas vêm e também advertindo para não atrelar uma cor a uma classificação. Falo isso porque, tecnicamente, eu podia entrar no embate com ela ou podia me abrir para incluir seu olhar; e foi isso que tentei fazer ao longo de todo o processo com cada comunitário, com cada local. É claro que nem sempre eu agia dessa forma, porque há dentro de mim uma abordagem cartesiana, de pesquisador e engenheiro que critica, julga e não entende algumas ações, reflexões e visões de mundo. Assim preciso continuar me desconstruindo a cada troca.

Ao escrever esse livro compartilhei o mesmo com a colaboradora da Funasa que me trouxe um retorno interessante também do processo dela de desconstrução:

> "Outra passagem marcante para mim foi nossa ida ao Tibá. Você comenta da ida ao mutirão em Juiz de Fora, que foi interessantíssimo, concordo com você, mas a ida ao Tibá me impactou de uma forma que eu não estava esperando. A vivência como um todo foi riquíssima: não comer carne, acordar e dormir tão cedo, o bolo de goiabada (que faço até hoje), as atividades comunitárias. Foi um momento em que o nosso grupo teve uma convivência mais próxima, pudemos trocar mais impressões e ver na prática a operação de várias técnicas. Passei um mal danado bebendo a água de lá, mas faz parte do aprendizado rs. Quando fui fazer minha fala no Seminário da Funasa tentei buscar alguns registros fotográficos das nossas atividades, mas percebi que eu praticamente não tinha fotos. As únicas que consegui resgatar foram da nossa ida ao Tibá, o que mostra o quão significativo essa experiência foi nessa trajetória." (PATRÍCIA).

Eu lembro também que mesmo nas visitas técnicas e compreendendo o que podia ser construído, ainda ficava extremamente inseguro em implementar tecnologias de saneamento ecológico, que ainda não são validadas, nem academicamente, nem nas normas brasileiras. Como não havia uma política pública ou documentos que respaldassem tais tecnologias, ocorreram muitos embates teóricos sobre esse ponto.

Interessante que agora os embates não eram mais conflituosos, mas amistosos. E a gente já se considerava parceiros no processo, de um lado a engenheira da Funasa e eu éramos bem mais convencionais e preocupados com as normas; de outro, os comunitários e o arquiteto permacultor eram arrojados e queriam desenvolver tecnologias de saneamento ecológico como tanque de evapotranspiração, sem maiores preocupações acadêmicas, acreditando que ia dar certo. Naquele momento, o tensionamento já não era ruptivo e sim construtivo e isso ficava nítido tanto nas nossas relações quanto nas conversas. E o projeto de saneamento ecológico foi sendo desenvolvido, a partir das divergências e convergências teóricas e práticas.

Então, a gente pensou em propor para comunidade três opções para discussão e validação: i) uma fossa, filtro e sumidouro; ii) uma fossa e filtro com bambu e iii) o tanque de evapotranspiração. E assim foi. A gente apresentou o projeto para comunidade antes de validar com qualquer outro ator. Em reunião coletiva, havia alguns representantes da comunidade participando, bem como da reserva ecológica e da prefeitura. Assim, a gente pode discutir os projetos, sabendo que tinha um posicionamento e um direcionamento para as tecnologias de saneamento ecológico, que seria o tanque de evapotranspiração.

Importante ressaltar e relembrar do meu olhar cartesiano. A gente fez uma apresentação com PowerPoint, em que eu fiquei na frente, falando e explicando de pé, enquanto o Ticote ficou atrás, junto com a comunidade. Hoje eu vejo o quanto eu não fui horizontal, por me limitar a uma forma de apresentação do projeto e de diálogo, sem me posicionar ao lado da equipe. Isso também inibiu algumas vozes da comunidade, o que remete a importância de se estar ao lado quando a gente está discutindo alguma questão. Hoje, eu faria de uma forma bem diferente, com uma roda de conversa, ouvindo os anseios e as vontades deles, antes de chegar apresentando soluções e possibilidades. É claro que essas tecnologias já tinham sido discutidas com as lideranças, mas para muitos comunitários ainda era algo novo, diferente e desconhecido.

Ainda assim, a gente validou que seria construído o tanque de evapotranspiração e partiu para elaboração do projeto, para poder licenciar e aprovar com a prefeitura, antes de começar a construir.

Mesmo assim, era notório que grande parte da comunidade participava de forma representativa, sem dar muitas opiniões, com "rabo de olho", com desconfiança, dúvidas e sem saber muito bem o que iria acontecer. Nitidamente esse desconforto, ou incômodo, faz parte da cultura da comunidade da Praia do Sono, mas também das pesquisas-ações que acontecem no território ou das pesquisas que muitas vezes só pegam informações e não trazem resultados práticos para comunidade. Isso veio inclusive da voz dos comunitários, que perguntaram se realmente aconteceria o projeto.

Entre as informações que pude compreender melhor depois, uma delas é a resistência da comunidade a atores externos. A dificuldade de confiar e o medo, especialmente porque eles já passaram por processos de expropriação, tentativas de desapropriação das terras, por perda de direitos em relação à Área de Proteção Ambiental, e por vários projetos externos que mais excluíram e menos trouxeram direitos para os caiçaras. Eu só pude compreender melhor essa situação na prática a partir das interações e, posteriormente, nas entrevistas. E aí eu trago a relevância de compreender a história das pessoas, das comunidades, dos territórios, antes de pensar projetos e soluções que vão ser aplicados.

Aqui eu compartilho com vocês algumas palavras que mostram a dor desses comunitários com relação a projetos externos e a dificuldade de confiar, que é muito pertinente devido a todo o histórico de luta e resistência dessa comunidade.

> "É uma comunidade de resistência, devido a processos de luta, né, que teve todo o enfrentamento, que teve essa coisa do Gibrail, que era um grileiro de terra que tentou expulsar a comunidade. Depois disso, teve a unidade de conservação, que proibiu muita gente de plantar, de caçar, muita gente foi criminalizada por isso. Antigamente existia a cultura das gaiolas, de prender passarinho, de caçar no mato, essas coisas que a unidade de conservação não deixava, então muita gente sofreu com essa criminalização." (MILENA)

> "E aí, quando ele viu que essas pessoas já estavam na mão dele, ele começou a pegar essas assinaturas, e começou a expulsar as pessoas de casa, a tirar as pessoas daqui. Então, é..., só que assim, ele tirava as pessoas e as pessoas não iam, iam para igreja. (...) Hoje o Sono, ele é 90% evangélico, a única igreja que tem no Sono é evangélica. Já teve duas: a Igreja Brasil para Cristo e a Assembleia. A Assembleia continua até hoje. (...)

Na época dessas brigas, era o único lugar que o grileiro ele não derrubava, ele respeitava, e a igreja servia de moradia para as pessoas. Na Trindade mesmo, o pessoal fez uma igreja de pau a pique linda na época, pra abrigar o pessoal, porque eram despejados de suas casas. O Gibrail, ele começou a tirar o pessoal daqui e comprava as terras, tipo Praia Grande da Cajaíba, uma indenização, ficavam infernizando a vida da galera, trazia boi, búfalo, comia as plantações do pessoal, tipo, ninguém mais conseguia plantar, porque o boi ia lá e comia; tipo, mandioca, milho, plantava feijão..., e as pessoas..., algumas pessoas venderam..., teve pessoas que venderam para ele e foram embora e outras não venderam, seguraram a terra." (LUIZA)

"Aqui sempre foi uma comunidade pesqueira e sempre da roça, né, como... 'agricultura familiar' que chamam o tema hoje, né?! Tudo que se plantava dava, né, até porque tinha muita terra (...), dava e tudo que se pescava tinha. Tinha peixe em abundância, não tinha usina nuclear, não tinha unidade de conservação pra restringir ou reprimir a pesca e também a roça, a lavoura, né, subsistência. (...). A restrição prejudicou muito essas extrações, né, e também as lavouras, essa cultura da roça. Isso foram as unidades de conservação aí vindo de cima pra baixo, né." (PEDRO)

"Era cultural, eles sofreram esse impacto. Então todo esse impacto que veio através do grileiro, da unidade de conservação, do Condomínio Laranjeiras que veio logo depois, né?! Depois do grileiro. Então, foram vários fatores que fizeram, que geraram conflitos, e que fizeram com que a comunidade se fortalecesse cada vez mais para poder permanecer no lugar que eles permaneceram hoje." (MILENA)

"A gente tinha medo de qualquer pessoa que falava da cidade." (LUIZA)

Obviamente você deve estar pensando: bom, todo esse processo durou muito mais que duas semanas. Claro que sim! Na verdade, o processo durou meses em que a gente pode discutir, conversar, alinhar perspectivas para que todos, inclusive nós, estivéssemos juntos na construção desse projeto. A questão é que agora eu estava escutando todas as partes, e a equipe estava comigo e a gente estava olhando juntos para todos esses pontos.Trago aqui uma fala da colaboradora da Funasa que pode ler o livro previamente e compartilhar sua visão comigo:

"Quando começamos a nos reunir, a sensação era que não conseguiríamos convergir para um denominador comum, como você bem descreve no seu livro. Fiquei surpresa quando você relata o início conflituoso da sua relação com o Ticote, pois olhando de fora não percebi as coisas desse jeito (curioso como às vezes o que reflete para o exterior não é exatamente o que se passa no interior), sobretudo porque você sempre teve uma postura cordial. Aproveito para registrar que a sua forma de conduzir foi fundamental para a coesão do grupo, e te agradeço muito por isso. Com o passar do tempo, nossas reuniões, mesmo com as divergências, eram um alento na minha rotina de trabalho. Era um dos poucos fóruns onde eu me sentia plenamente a vontade para me colocar e onde eu sentia um avanço real nas discussões. Elas eram bem heterodoxas, é verdade, mas faziam muito sentido dentro daquele processo que nós estávamos construindo. Destaco aqui a reunião na qual você implementou a metodologia do *Dragon Dreaming*, que foi uma viagem para a minha cabeça cartesiana, mas da qual eu saí muito realizada." (PATRICIA)

Fazer o projeto também não foi simples. Como não havia diretrizes ou documentos, a gente procurou experiências e encontramos uma do Banco do Brasil em Icapuí, que construiu vários tanques de evapotranspiração (PINHEIRO, 2011; COELHO, 2013). Encontramos uma dissertação de mestrado que nos apoiou para construção do projeto (GABIALTI, 2009). A partir daí, construímos um projeto com apoio e revisão da representante da Funasa. E chegamos numa versão do caminho do meio, que tinha um tanque de evapotranspiração, mas continha um tanque prévio de recebimento do esgoto, que funcionaria como uma fossa, para que não houvesse entupimento.

Quando fechamos o projeto, o Ticote avisou que a manilha que a gente projetou para estar antes do tanque de evapotranspiração não passaria no transporte por barco. Eu e a engenheira "batemos o pé", e falamos que era importante. Esse foi um grande aprendizado para mim – já dando spoiler do processo –, de um momento em que não ouvi a comunidade e o território e que eu tive problemas. Indo um pouco mais à frente, quando a gente conseguiu passar o material, realmente, a manilha não passou e o Ticote riu da nossa cara. E até hoje a gente faz piada disso. Posteriormente, o sistema foi construído sem esse tanque inicial e a gente construiu o tanque de evapotranspiração como ele é na prática e esse foi um processo muito interessante que eu vou contar depois.

Voltando à narrativa, além de apresentar o projeto para todos os atores locais, conversando, coletando ideias e verificando se teria aceitabilidade de todos, a gente enviou para prefeitura para ter o licenciamento. Melhor do que ter apenas o licenciamento, o projeto conseguiu o apoio da prefeitura, com verba de material para construir o sistema da escola e a Fiocruz ficando responsável pela mão de obra. E aí a gente começou a ter outros parceiros no território, tanto para dialogar quanto para construir conjuntamente.

Aqui já começou também uma percepção de que os atores externos, como as unidades de conservação, a prefeitura e o Comitê de Bacias, que se interessavam e valorizavam mais o projeto, do que as lideranças comunitárias, com a comunidade, que às vezes atuavam apenas de forma representativa, sem tanto engajamento quanto esperávamos. Importante salientar que havia engajamento e participação, mas talvez as expectativas de todos fossem muito altas, tanto nossa quanto da comunidade e da prefeitura. E altas expectativas normalmente geram mais frustração do que compreensão.

A tecnologia do tanque de evapotranspiração:

A proposta foi baseada na ecologia de saberes, e o protótipo foi desenvolvido a partir de um diálogo entre a engenharia de saneamento e a permacultura, representando uma associação positiva entre a técnica e o conhecimento popular. Houve consenso de que as alternativas sugeridas devem enfatizar a autonomia e cidadania da população local, promovendo a capacitação e a disseminação de uma tecnologia social facilmente replicável (GALLO et al., 2016).

O tanque de evapotranspiração (TEvap) é uma tecnologia proposta para tratamento e reuso domiciliar de águas de sanitário ("águas negras"), baseado no saneamento ecológico. De acordo com essa visão, a reciclagem de nutrientes, por meio do reaproveitamento dos dejetos, previne a contaminação direta causada pela disposição das águas nos mananciais. Um benefício secundário é que os nutrientes retornam ao solo e às plantas, reduzindo a necessidade de fertilizantes industriais (ESREY et al., 1998).

Considerando que nas formas de tratamento por evapotranspiração o esgoto não entra em contato com o solo, pois o sistema é impermeável, outra vantagem é que não apresenta potencial de contaminação das águas subterrâneas e do lençol freático. Essa técnica possui diversas nomenclaturas como: fossa verde, fossa bioséptica, fossa ecológica, canteiro bio-séptico, tanque de evapotranspiração, bacia de evapotranspiração, entre outros.

O tratamento consiste em: na parte inferior, a digestão anaeróbica da matéria orgânica; e, na parte superior, a mineralização, filtração e absorção de nutrientes e água pelas raízes das plantas. Os nutrientes deixam o sistema e são incorporados na biomassa das plantas. A água é eliminada via evapotranspiração.

O tanque é uma câmara prismática de alvenaria com paredes e fundo impermeáveis. O interior do tanque (Figura 6) inclui (i) um tanque séptico em forma de pirâmide feita com tijolos perfurados, no qual a digestão anaeróbia acontece. Os espaços vazios são preenchidos por (ii) multicamadas de materiais porosos com a diminuição da granulometria – entulho, brita e areia, respectivamente – para filtração. Finalmente, ele é coberto com uma camada de solo, (iii) a zona de raízes, na qual os nutrientes e a água serão absorvidos pelas plantas.

Figura 6: O tanque de evapotranspiração. Desenho esquemático.

Fonte: Acervo OTSS.

Segundo Vieira (2010), pela prática, observa-se que 2m² de área no tanque para cada contribuinte é o suficiente para que o sistema funcione sem extravasamentos. Em casos onde houver muitos contribuintes, o sistema pode ser dividido em mais de um tanque funcionando em paralelo.

Ainda, de acordo com Manual de Orientações Técnicas para o Programa de Melhorias Sanitárias Domiciliares, os efluentes de todos os utensílios sanitários podem ser destinados diretamente para o TEvap, ressaltando que a pia de cozinha deve ser sempre equipada com caixa de gordura prévia (BRASIL, 2013).

Também pode ser colocado tubo de drenagem a dez centímetros abaixo da superfície, para escoar o excesso de água, principalmente a de chuva (MANDAI, 2006). Como o projeto era ainda inovador na região, o mesmo foi dimensionado com ladrão em cada TEvap, seguido de vala de infiltração ou círculo de bananeiras, para dimensionamento das águas tratadas que escoassem pelo tubo ladrão.

Grande parte das referências não aborda a necessidade de manutenção da biomassa gerada no interior de um TEvap. No entanto, de acordo com a Funasa, assim como o tanque séptico, a manutenção do TEvap consiste na remoção periódica do lodo acumulado no fundo do tanque (BRASIL, 2013). Há outro manual mais atualizado que argumenta não haver necessidade de manutenção do TEvap (BRASIL, 2018).

A produção de alimentos pode ser uma consequência positiva da tecnologia. Algumas espécies recomendadas para introdução no TEvap são: bananas (Musa sp.); taiobas (Colacasia sp.); mamoeiro (Carica papaya), ornamentais como copo-de-leite (Zantedeschia aethiopica); maria-sem-vergonha (Impatiens walleriana); lírio-do-brejo (Hedychium coronarium); caeté banana (Heliconia spp.) e junco (Zizanopsis bonariensis). Hortaliças como tomateiros também podem ser introduzidas, evitando-se hortaliças rasteiras ou plantas das quais são consumidas as raízes cruas (MANDAI, 2006; GABIALTI, 2009).

De acordo com Gabialti (2009), o único cuidado sanitário adicional na manutenção do TEvap, em relação aos tanques e fossas sépticas, deve ser tomado ao se manipular partes das plantas que tenham contato com o solo do interior do TEvap, que pode conter alto índice de coliformes.

Para a construção dos módulos de saneamento, considerando a ecologia de saberes, decidiu-se pela contratação dos residentes locais para serem aprendizes nesta tecnologia social e também agentes multiplicadores em construções futuras, seja como parte do projeto ou por meio de outras iniciativas.

A Escola Municipal Martim de Sá, da comunidade caiçara na Praia do Sono, foi escolhida como a primeira ação, por estar localizada no centro da comunidade e por causa de seu poder simbólico, sendo uma instalação adequada para a difusão do conhecimento e educação ambiental das crianças concomitantemente. Para isso, também foram estruturadas ações de educomunicação ambiental na escola paralelamente à construção do módulo, como será abordado a seguir.

MUTIRÃO DE AGROECOLOGIA
FOTO: EDUARDO NAPOLI

8.

CONDUÇÃO DAS AÇÕES DE EDUCOMUNICAÇÃO NA ESCOLA

"A gente ainda mantém uma relação muito grande com a cultura, com a alma desse lugar, né, com a natureza... porque nós fazemos parte dela, né, e aí assim, é, hoje ainda mais ainda mesmo com o turismo predatório né, a gente ainda consegue manter um pouco as nossas tradições nossas religiões, nossas crenças, nossos saberes tradicionais, que isso gradativamente vai passando de geração pra geração."

(PEDRO) (MACHADO, 2019, p. 253)

Retomando a minha narrativa, o cenário era: projeto pronto, entregue para prefeitura, prefeitura apoiando e todos começando a conversar mais sobre as possibilidades de saneamento ecológico no território.

A equipe consistia em quatro comunitárias, quatro lideranças comunitárias, dois técnicos da Fiocruz e uma técnica da Funasa. O fato de ter uma diversidade de olhares trouxe uma riqueza profunda nas discussões, construções e desconstruções ao longo de todo o processo.

E a insegurança dentro de mim continuava me questionando se as intervenções dariam certo e se teríamos problema no caminho. Ao mesmo tempo, sempre tive confiança de que havia um aprendizado coletivo, mútuo, que acontecia ao longo de todo o processo, na troca com cada ator local e com cada membro da equipe. Era inclusive fácil de tangenciar esses aprendizados, ao passo que percebíamos a construção de uma voz positiva ao longo de todo o processo. Assim, se de fato eu ainda não sabia como construir um sistema de evapotranspiração, havia o Tiago, que era arquiteto, e sabia como construir aquele modelo.

Interessante que foi quando a gente preparou o projeto e iniciou tanto a contratação da empresa quanto a aquisição dos materiais, que tivemos um tempo para respirar, digerir e compreender que este era um processo de construção, discussão e educação dentro da comunidade. No nosso caso foi tudo muito orgânico, a partir dos desdobramentos e das conversas com os atores locais. Ou seja, foi na prática, em campo, que a gente percebeu a importância de conjugar atividades estruturais, de obra e infraestrutura, com atividades estruturantes, de mobilização e participação social e de educação comunitária.

Neste ínterim, tivemos trocas com uma das integrantes da equipe de educação diferenciada e, além disso, uma pedagoga entrou na nossa equipe para apoiar os processos do Comitê de Ética em Pesquisa. As duas começaram a trocar mais com a equipe de saneamento e, com isso, a gente começou a pensar num plano de educomunicação para atuar junto com a escola, que seria a primeira localidade a receber uma intervenção de saneamento ecológico; envolvendo tanto alunos quanto os pais, por meio dos filhos/estudantes.

Mas não era simples pensar nessa construção coletiva, porque a integrante da educação diferenciada "batia de frente" com a prefeitura, questionando suas metodologias e, inclusive, reivindicando a educação diferenciada nas escolas quilombola, indígena e caiçara. Esses foram novos desafios com a prefeitura municipal de Paraty, porque se precisamos de um momento para nos aproximar da equipe de meio ambiente, saneamento, agora precisávamos de novas conversas para nos aproximar da equipe da educação.

E assim começamos a mover os mesmos passos, de pensar uma proposta inicial, apresentar para Secretaria de Educação e articular com a professora da escola, envolvendo as equipes Observatório e de mobilização da Funasa, que já era um outro grupo de trabalho. Então, a partir daí, começamos a fazer também reuniões periódicas com a Secretaria de Educação, com a equipe do Observatório, com a escola e com a equipe de educação do Departamento de Saúde Ambiental - DESAM/Funasa, do Rio de Janeiro.

O plano de aulas de educomunicação para a escola foi feito com todas essas trocas, mas elaborado como um roteiro inicial, que mudaria de acordo com o interesse das crianças quanto ao que elas queriam saber e tinham interesse de aprender. A gente organizou para que a implementação desse plano de aulas acontecesse de forma paralela à construção do módulo de saneamento ecológico. Como havia uma resistência precedente na relação comunidade e Secretaria de Educação, o fato de estarmos abertos e de fazermos perguntas direcionadas as duas partes ao longo das reuniões, fez com que esse plano pudesse conter ideias de todos, englobando ainda uma costura para ser feita junto com as crianças, com base no interesse delas.

Nesse sentido, a gente queria compreender as vozes das crianças, levá-las no rio da Barra para poder compreender como elas o percebiam e de que forma o rio estava presente no cotidiano delas. Outro ponto foi poder levantar os impactos na comunidade na perspectiva das crianças. Esse, aliás, foi um dos pontos altos das aulas, que foi fazer uma cartografia social da comunidade, referente ao caminho das águas, dos resíduos, indicando ainda a quem era atribuída a responsabilidade pelos impactos negativos que encontravam na comunidade.

A qualidade da água e o fato de ser impossível beber diretamente do rio foi amplamente discutido. Os alunos falaram do Poço do Jacaré, no qual "antigamente podia-se beber água da cachoeira, mas se você fizer isso hoje, você vai ficar doente" (relato de sala de aula). Eles também notaram que esta é a melhor cachoeira ao redor, mas que é poluída (MACHADO et. al, 2018).

Foi interessante que esse desenho foi feito no quadro, junto com as crianças. Com elas mesmas indo ao quadro, desenhando a comunidade, discutindo com a gente, explicando o que elas viam, falando um pouco da história delas e de suas famílias, e de como o turismo era agressivo e os turistas não cuidavam do território.

A própria comunidade também traz olhares reais e alinhados com essas questões das crianças, de como o turismo interfere nos seus modos de vida:

> "Hoje tá muito pro turismo ali, principalmente pros jovens, né?! E isso também gerou uma mudança de padrão do uso da terra, né, que a gente pega a foto que a gente tem da década de 1980 no Sono, tem muita roça" (JOÃO).

> "Essa coisa do turismo, por exemplo. Ele dividiu muito também a comunidade [...] Esse dinheiro do turismo, que chega, acaba transformando. A comunidade acaba se transformando [...]. Ainda existe a parte cultural, mas você vê que já mudou bastante. Casas de pau a pique já não têm mais, e não é só porque acham que isso não é mais o padrão de vida que eles querem ter, é também porque a unidade de conservação proibiu que fosse feito aquela cultura, né?" (MILENA).

> "Muitas coisas vêm se perdendo com a individualidade, né? Porque, com a chegada do turismo, as pessoas ficam muito individual (sic), né? [...]. Então isso vai deixando a comunidade mais individualista, sabe? Não tem mais aquela cooperação um do outro, de um ajudar o outro, né? E isso tá acontecendo não só no Sono, mas eu acho que em todas as comunidades caiçaras acontece isso" (RAFAEL).

Ao mesmo tempo que as crianças percebiam muitos dos impactos que nós também reconhecemos, muitas vezes o apontamento dessas questões vinha de um fluxo exógeno, como se eles apenas reconhecessem o poluidor como quem está fora do seu próprio território, não visualizando a responsabilidade de todos, atribuindo a poluição exclusivamente ao turista, sem incluir os moradores. Ainda vamos conversar bastante sobre isso, mas não agora.

Naquele momento, os alunos pediram para compreender melhor como seria a construção do sistema de saneamento ecológico que aconteceria na escola. Ao compreender a curiosidade deles, pensamos em fazer um pequeno protótipo de saneamento ecológico, que pudesse demonstrar na prática como seria o sistema pronto. Foi aí que perguntamos para eles como que poderia ser construído o sistema e juntos pensamos nos materiais e concebemos como seria aquele sistema. O passo seguinte foi ir à loja comprar os materiais, pedir para os alunos separarem tampinhas de garrafa para representar tijolos e para construir a câmara séptica. Na hora da construção, nós pedimos para eles coletarem mais entulho, areia e terra para colocar no sistema o próprio material da comunidade. Foi muito interessante. Mal solicitamos, e todos saíram correndo para buscar os materiais e, em pouco tempo, já trouxeram e falaram onde poderíamos encontrar entulho e terra adequadas, como as que seriam utilizadas no sistema.

Essa oficina foi muito didática, contando com a equipe técnica e as crianças construindo junto o protótipo, usando Tupperware, de maneira que poderia ver o sistema todo por dentro e ficava bem elucidativo como seria aquele processo de construção. Importante falar que as tampinhas das garrafas representaram os tijolos para construir a câmara séptica que fica no meio do sistema. E o fato das crianças/alunos terem coletado o material fez com que eles fizessem parte de todo o processo. Esse protótipo, inicialmente, ficou na escola, e depois na Associação de Moradores, ficando disponível sempre que a gente fazia as reuniões com a comunidade, inclusive para poder tirar dúvidas. Um outro ponto é que, mesmo antes da construção do protótipo, a prefeitura achou tão interessante, que nos convidou para participar de uma feira na semana do meio ambiente, expondo o modelo e explicando o que a gente ia construir na comunidade.

Enquanto o protótipo trouxe uma discussão sobre a temática, eu mesmo me senti inseguro de construir um sistema que ainda não tinha experiência em sua construção. Essa também era uma reflexão da engenheira da Funasa. Neste sentido, no final do ano, enquanto fazíamos o plano e iniciávamos as aulas com as crianças, conseguimos organizar nossa participação em um mutirão de preenchimento de um sistema de evapotranspiração, que aconteceria próximo de Juiz de Fora, numa comunidade intencional. Nela, estavam construindo o sistema de saneamento ecológico antes das casas, mostrando a preocupação dos moradores com o saneamento.

Foi muito interessante poder viajar com a equipe, discutido o passo a passo, falar dos processos, mas principalmente poder desenvolver laços de amizade e trocas profundas sobre a vida com a colaboradora da Funasa e, a partir daí, estabelecer laços de parceria.

Ao chegar no mutirão, fomos muito bem recebidos e havia uma professora e um comunitário explicando como o sistema funcionava e como seria aquele processo de preenchimento do tanque de evapotranspiração que já estava construído. Apresentaram o tanque construído, os materiais, que já estavam próximos, e foi feito o mutirão em linha – o que mostrou a força do coletivo. Todo processo foi muito mais rápido do que a gente pensava. Primeiramente, com os pneus passando de mão em mão, fazendo a fileira da câmara séptica com pedras entre os pneus, depois foi o entulho passando de mão em mão, seguidos dos sacos de brita, areia e, posteriormente, a terra, que já estava próxima o suficiente para ser transportada em carrinho de mão. As bananeiras também já estavam coletadas e foram plantadas no sistema. Esse foi um momento que durou cerca de 4 a 5 horas e nos mostrou como que, com participação de atores locais dos moradores e de interessados na tecnologia, todo o processo de preenchimento do tanque de evapotranspiração podia ser coletivo, educativo e com tempo reduzido.

Para nós, que vínhamos um de uma abordagem convencional, de engenharia, participar de todo o processo foi extremamente transformador. A própria engenheira da Funasa resolveu construir um tanque de evapotranspiração no sítio de sua avó. Também foi interessante ver como que mudou essa postura, pois ela se viu como fiscal de muitos dos processos que ela participou, e nesse, em particular, ela pode se ver como uma parceira, construindo conhecimento, fazendo projeto, interagindo e aprendendo tudo junto. E esse aprendizado continuou ao longo de todo o processo, tanto no acompanhamento da construção quanto no desenvolvimento de artigos, nas trocas, enfim, em tudo que envolvia nossas vidas.

Dividindo um pouco essa narrativa, também cabe ouvir outras vozes dessas pessoas que interagiram comigo, por isso, partilho uma fala da referida engenheira. Embora seja uma fala trazida em outra ocasião, mais especificamente num seminário que foi feito anos depois, ela fala um pouquinho desse processo.

> "Cheguei entendendo que cada um dos três [integrantes do projeto] seria a parte de gestão, tecnologia, mobilização, e que eu seria a gestora. Aos poucos compreendi que não era assim e que todos podíamos assumir cada papel, como numa grande ciranda. Cheguei achando que era gestora e técnica e vi que os papéis mudam e circulam no território. Foi uma grande desconstrução. Tamanha, de fato, que eu acabei construindo uma dessas tecnologias no sítio da minha avó e da minha família. É bom retornar e ver todos esses resultados" (PATRICIA).

Participar desse mutirão junto fez com que a gente ficasse mais seguro em relação ao que iríamos construir na comunidade. E cada momento contribuiu com a equipe que também estava aprendendo como fazer saneamento ecológico de uma forma diferente, principalmente envolvendo a comunidade e os interessados.

Interessante voltar atrás e refletir que enquanto a gente estava fazendo esse plano de educação com as crianças, a gente também participou desse mutirão para poder compreender o processo construtivo de outras formas. Ou seja, a gente também estava em processo de aprendizagem.

Na etapa construtiva, concomitante ao plano de aulas, percebemos a diferença no dia da entrega dos materiais, com a participação, torcida e ajuda das crianças, trazendo os materiais para areia e da areia para obra. Foi interessante ter apoio das crianças e ao mesmo tempo ter o deboche de algumas pessoas da comunidade, que não acreditavam no projeto.

Essa voz de participação, interação, descaso, falta de interesse e, ao mesmo tempo, deboche aconteceu ao longo de todo o projeto. Ou seja, havia integrantes da comunidade que se interessavam e participavam, pessoas que não se interessavam por se tratar de questões de saneamento e pessoas que se sentiram atingidas, discordavam e desconfiavam do projeto. É nesse sentido que é importante a gente compreender a cultura da comunidade. Muitas vezes esses momentos de reflexão, de questionamento e de descrença vinham de muitos projetos que já aconteceram na região e dê muitos processos de perda de direitos por parte das comunidades tradicionais. Então havia um ruído constante que acontecia nesses diálogos e ao mesmo tempo uma aproximação.

Mas, voltando a esse período das aulas, as crianças participaram e começaram a ver a obra acontecendo. Simultaneamente, elas faziam desenhos da obra, cartografias sociais das suas casas e tinham um diário de campo para acompanhar as obras a cada três dias, vendo os impactos, o que acontecia na obra e registrando, junto com a equipe. Aliado a isso, teve o processo de conhecer o turismo da comunidade, para fortalecer os laços da comunidade, e as crianças também elaboraram e gravaram programas para rádio local, nos quais elas falavam de turismo, meio ambiente e de saneamento. Vale ressaltar que elas pensaram em slogans, anúncios e mídias. Tudo isso junto com a equipe de educomunicação, que consistia em uma pedagoga e uma comunitária. Esses anúncios foram veiculados na Rádio Caiçara da Praia do Sono. A rádio é conduzida por um comunitário tradicional com deficiência visual, que sabe montar, desmontar e operar os equipamentos sem vê-los, produzindo uma rádio tão incrível, que é veiculada para fora da Praia do Sono e atinge outras comunidades da zona costeira. Foi a partir deste comunitário engajado e com as lideranças comunitárias que a gente teve acesso e pôde, junto com as crianças, falar um pouco sobre essa temática não só para Praia do Sono, mas para outras comunidades do entorno.

No mais, durante as aulas foram feitos poemas, textos e pinturas que retratavam as questões ambientais para feira de meio ambiente. Isto é, a obra aconteceu de forma integrada com a escola e isso fez uma grande diferença, inclusive para as próprias crianças poderem comunicar um pouco do projeto. E para nós foi muito interessante aprender com as crianças sobre o modo de vida e a cultura da comunidade. Não foi só sobre isso, mas foi sobre compreender a linguagem da comunidade por meio da linguagem das crianças.

Eu lembro que toda a equipe ficou muito interessada quando as crianças explicaram o sistema de saneamento ecológico. Enquanto a gente comunicava ainda de uma maneira muito técnica, as crianças falaram com uma simplicidade que nos atravessou. Utilizaram a forma delas de escrever. E a forma é muito simples: "Ah, então agora vocês viram de cabeça para baixo o sistema de esgotos", "então agora fica coberto embaixo e o esgoto sai por cima". E era isso, simplesmente, colocar "evapotranspiração da água saindo por cima e agora a água não saía mais por baixo".

Esse espaço de poder dar escuta a cada pessoa que a gente troca no momento de intervenção, educação, faz com que possamos não só compreender, mas trazer a cultura daquele local para dentro da gente. E é muito importante que possamos cuidar não só no momento da obra, mas ao longo das relações.

Toda atividade foi um convite para que eles pudessem se engajar, propor outras possibilidades e caminhos e interagir com a gente. Juntos pudemos fazer mutirão de limpeza, coleta de óleo da comunidade e, a partir disso, oficina de sabão. Mais diretamente relacionado às obras, os alunos fizeram desenhos da intervenção, do tanque de evapotranspiração e visitas à construção quando essa foi iniciada. Todas essas atividades às vezes eram conduzidas com mudanças de planos, ouvindo as crianças e o que elas queriam. Assim, íamos também sempre preparados para aula, abertos ao que podia emergir e mudar o fluxo de cada momento, de acordo com as crianças.

Também é interessante falar que a pedagoga do projeto era mais velha e tinha questões às vezes de estar sozinha, de sentir-se insegura de pegar o barco quando chovia ou quando a maré estava alta. Vale ressaltar esse ponto, porque ela estava saindo da sua zona de conforto a cada momento, assim como eu saía. Pude perceber todos os envolvidos saindo de suas zonas de conforto. Era um processo de desconstrução de cada envolvido no projeto, a partir do seu ponto de vista.

E te pergunto, nos processos que você atua, você permite a si mesmo(a) sair da sua zona de conforto? Se permita escrever sobre qual foi a última vez que você saiu da sua zona de conforto, como foi a sensação e o que você aprendeu com isso.

Um grande desafio no processo das aulas foi durante o mutirão de limpeza e coleta de resíduos que fizemos junto com os alunos. Uma das crianças saiu correndo e caiu em cima de um caco de vidro, se machucando. Isto fez com que a equipe que estava no local – a pedagoga e uma liderança – ficasse insegura. Eu que não estava na comunidade, nem em Paraty, mas numa reunião no Rio, fiquei ainda mais nervoso. Um ponto positivo foi ter outras pessoas do projeto. No caso, o coordenador do Núcleo de Transição Tecnológica pôde ir até o local para apoiar a criança e a equipe. Esse fato nos fez lamentar e repensar as atividades que estávamos conduzindo. A partir daí reduzimos algumas das atividades práticas que faríamos para evitar qualquer ruído com os pais.

Outro desafio constante eram as diferenças de olhares entre a equipe da educação diferenciada e a prefeitura. A equipe de saneamento tentava sempre trazer um caminho do meio para o processo seguir adiante. Vale ressaltar que, por mais que a gente tivesse uma equipe reduzida para cuidar das atividades, constantemente outros integrantes do Observatório nos apoiavam de uma forma transversal e intersetorial em diversos aspectos, fossem eles administrativos, educativos, etc., tendo uma troca constante entre todas as áreas.

Em suma, ao longo de todo projeto, nada foi simples. Quando eu relato, sempre mostro muitos aprendizados de todos, mas esses aprendizados muitas vezes aconteceram de divergências, de conflito, de espírito de embate, de reflexões, de questionamentos, lamentos. A grande diferença é poder utilizar esses desafios como oportunidades de aproximação e de escuta do diferente, do que as pessoas pensam diferente, e poder divergir e incluir essas outras visões, para compreender as relações com maior profundidade. Esse olhar no engenheiro, no pesquisador, no interagente e no educador é de suma importância, de se permitir ser atravessado pelos desafios e de "conversar com eles" e, a partir deles, se aproximar do que lhe é diferente. Como disse Bell Hooks (2021):

> "Escolher agir com honestidade é o primeiro passo no processo do amor. Não há praticante do amor que engane. Uma vez feita a escolha de ser honesta, o próximo passo a ser dado pela pessoa no caminho do amor é a comunicação. O caminho para o amor não é árduo ou oculto, mas precisamos escolher dar o primeiro passo. Se não conhecemos o caminho, sempre há um espírito amoroso com uma mente aberta e iluminada, capaz de nos mostrar como pegar a trilha que leva ao coração do amor, o caminho que nos leva de volta ao amor"

Apresentação da ação em espiral:

A educação ambiental não deve apenas propiciar o desenvolvimento de uma consciência ecológica nos alunos, mas também contextualizar seu projeto político-pedagógico para combater a padronização cultural, exclusão social, concentração de renda, apatia política; além da degradação da natureza (LAYRARGUES, 2009).

Assim, um estudo de educação ambiental apresenta a importância de utilizar atividades nas quais os participantes deixam de ser objetos de estudo para serem pesquisadores e produtores de conhecimento de sua própria realidade. A utilização de aulas práticas, baseadas na vida real, leva os alunos a uma reflexão crítica e promove uma nova percepção ecológica e social (MELO et al., 2014). Logo, a educação deve ter como orientação a "conscientização", pelo desvelamento crítico da realidade e a ação transformadora sobre ela para a construção de uma comunidade sem opressores ou oprimidos (AVILA, 2014).

Por meio do contato real com a tecnologia, é possível ir além da educação ambiental, proporcionando aos alunos uma visão crítica sobre as questões, permitindo-lhes assimilar e contribuir com outras formas de reivindicação social no mundo (SOARES, 2002).

Nesse sentido, a educomunicação é uma forma de intervenção na educação (atuando em escolas, políticas públicas de outras áreas, ONGs, etc.) e de comunicação tecnológica (televisão, rádio, jornal, internet, etc.) que visa treinar pessoas e grupos nas comunidades para pensar criticamente e discutir, produzir e difundir mídias por meio de processos coletivos participativos (CARVALHO, 2009). Para Soares (2002), a educomunicação é um conjunto de ações destinadas a criar e a fortalecer a comunicação em espaços educativos presenciais ou virtuais e melhorar o coeficiente comunicacional das ações educativas, inerentes ao planejamento, implementação e avaliação de processos, programas e produtos. O desenvolvimento tecnológico deve ser incluído na educação para que a inter-relação entre comunicação e educação seja reconhecida e utilizada.

Segundo o Programa de Educação Ambiental em Saneamento para Pequenos Municípios (PEASPM), a educomunicação é uma estratégia metodológica para produção coletiva de materiais didáticos envolvendo a pintura de quadros, visitas de campo, dinâmicas de grupo, bem como a produção de maquetes, folhetos, mapas falados, entre outros (BRASIL, 2014). Nós buscamos desenvolver uma abordagem de educomunicação ambiental diferenciada mediante uma ecologia dos saberes, incluindo as várias perspectivas e formas de conhecimento do território.

Assim, o objetivo do plano de aula da Escola Municipal Martim de Sá foi consolidar a educação ambiental, especialmente em relação ao saneamento, melhorando a saúde e a qualidade de vida da comunidade. Para isso, buscou-se: debater o saneamento ambiental e sua relação com diferentes espaços; realizar atividades práticas e teóricas integradas que estimulassem a práxis; planejar e desenvolver ações educativas diferenciadas baseadas na educomunicação, com a participação das crianças na rádio local comunitária; usar vídeos educativos e promover uma reflexão crítica em sala de aula, a partir de atividades lúdicas, confecção de cartazes e a escrita de textos. Para apoiar a implementação do programa nas aulas, as ações foram integradas às redes existentes, envolvendo a equipe de Reserva Ecológica da Juatinga do INEA e a equipe de Vigilância de Águas da Prefeitura Municipal de Paraty (PMP). Desta forma, foi possível promover um esforço conjunto de limpeza; a realização de oficinas ecológicas de confecção de sabão, tendo como base o óleo de cozinha coletado na comunidade; e a confecção de brinquedos reciclados, sempre em diálogo com os alunos, a professora e a Secretaria de Educação da PMP (MACHADO et al., 2018b). A estratégia foi realizar atividades semanais que fossem integradas às atividades diárias conduzidas pela professora da escola.

De acordo com Paulo Freire, a chave para a epistemologia da pedagogia da libertação é que "ninguém educa ninguém, nem ninguém se educa a si mesmo. As pessoas se educam em comunhão, mediadas pelo mundo" (FREIRE, 2016). Isto sugere o desenvolvimento dialógico e consensual do conhecimento como uma possibilidade na luta para superar a dicotomia opressor-oprimido (AVILA, 2014). A fala de um dos alunos exemplifica esse aumento de consciência: "Se despejamos esgoto direto no chão, vai para a terra e polui" (relato de sala de aula).

Inclusive, durante uma das aulas os alunos realizaram atividades lúdicas de construção de cartazes e textos em grupos, revelando o que tinham vivenciado, como apontado em relato a seguir:

> "A nova escola da Praia do Sono tem ventiladores, um teto novo, cerca nova, pátio novo, com um balanço, escorregador e gangorra. Tem livros novos e carteiras novas. Um banheiro novo para meninas e meninos. Uma sala de televisão com DVD, cadeiras, pipoca e refrigerante. Mas o melhor é a estação de saneamento ecológico, que melhorou a nossa escola" (MACHADO, 2019, p.168).

O trecho a seguir foi extraído de um trabalho escrito de um dos alunos e mostra que a metodologia adotada para apresentar e discutir ações de saneamento ecológico na Praia do Sono foi bem-sucedida: "Foi construído na minha escola um saneamento ecológico. Disseram que é o primeiro modelo a ser construído na costeira. Eles começaram a cavar e emboçaram e começaram a botar canos, enterraram, plantaram pé de bananas e mandaram os homens fazer cocô." O fato de que os estudantes testemunharam a construção e fizeram tarefas lúdicas para refletir sobre isso durante o processo permitiu-lhes compreender melhor a tecnologia.

O resultado das ações realizadas na Escola Municipal Martim de Sá mostra a importância de priorizar ações estruturantes de saneamento que envolvam intervenções de educação ambiental nas escolas locais, promovendo a incorporação efetiva de conteúdos relacionados com o meio ambiente em geral e informações específicas sobre saneamento ecológico.

Deve-se mencionar que o objetivo da educomunicação ambiental é o desenvolvimento da reflexão crítica dos alunos e da capacidade de identificar, avaliar e agir sobre os elementos que impactam suas vidas nas diferentes dimensões da sustentabilidade, por meio de soluções que promovam um aumento da qualidade de vida e a manutenção do ambiente sustentável e saudável. Portanto, é importante que autoridades, coordenadores de projeto e equipes entendam a necessária associação entre iniciativas estruturais de saneamento em comunidades rurais e tradicionais e ações estruturantes – com foco na mobilização, conscientização, apropriação e estimulação de uma vida social ativa – para que essas comunidades realmente assumam as soluções implementadas.

O programa de educomunicação ambiental da Escola Municipal Martim de Sá associada à construção de um sistema de saneamento ecológico na comunidade, promoveu um maior nível de compreensão crítica, baseado no envolvimento de estudantes e de sua participação ativa ao longo de todo o processo. É importante ressaltar que apoiado nas percepções das crianças sobre o saneamento ecológico e a sua forma de explicar o funcionamento da tecnologia implantada no território (o tanque de evapotranspiração), a equipe técnica do OTSS mudou sua forma de explicar a tecnologia para toda a comunidade. Assim, ocorreu uma tradução da técnica para a simbologia da comunidade, o que fez uma grande diferença em muitos aspectos. Portanto, o programa era educacional não só para os alunos, mas também para a equipe técnica, que foi capaz de usar a linguagem do território e, então, reconhecer a melhor maneira de introduzir questões, refletindo criticamente sobre si e sobre cada situação.

De forma correlacionada, os alunos apresentaram os mesmos pontos verificados pela equipe técnica e apontados também pelos adultos da comunidade.

OFICINA DE EDUCOMUNICAÇÃO NA PRAIA DO SONO
FOTO: EDUARDO NAPOLI

TEVAP DE ALVENARIA EM CONSTRUÇÃO NA ESCOLA DA PRAIA DO SONO
FOTO: EDUARDO NAPOLI

9.

CONSTRUÇÃO DO PRIMEIRO MÓDULO NA ESCOLA

"E o caiçara, ele... ele é muito ágil pra aprender as tecnologias, né? Então, o meu avô sabia é... fazer... tirar casca da mata pra fazer linha pra pescar, né? Casca de árvore, coxar pra fazer corda pra pescar, corda pra rede. Com a chegada da tecnologia eles..., a gente fomos se adaptando a outra coisa. (...) Então, tem moleque caiçara que já sabe fazer uma lancha, um botinho daquele de, é, de fibra. Ele sabe fazer uma canoa de fibra. Então ele se adapta muito rápido, sabe? Ele é, é... Agora, o que não deixa ele se diferenciar é o território. Aonde ele vive, né? Isso diferencia ele de um caiçara tradicional, sabe? Aí ele consegue, falar de árvore, ele vai conhecer, falar de caça ele conhece, falar de pássaro ele conhece, falar de peixe ele conhece, né? Falar de maré, de vento, tudo isso ele conhece, né? Ele vai saber... Um dia que não tiver, que acabar todo esse material, ele vai pensar 'pô, eu tenho uma reserva de uma mata aonde eu posso pegar uma árvore pra fazer uma canoa, pra fazer um barco, eu sei fazer'. É dessa forma, que coisa. Então, ele vai tá na mente dele. É por isso que não deixa..., quando a gente fala de manter a cultura, não é fazer. Talvez seja essa coisa de não deixar no esquecimento. Sempre lembrando como se fazia essas coisas. Então acho que é isso pra mim a cultura ela vai se renovando, ela não é uma coisa que vai ficar esquecido num livro, num coisa, ela se renova."

(RAFAEL) (MACHADO, 2019, p. 261)

As reuniões com os diversos atores foram uma boa preparação para o momento da obra. Uma outra questão era o licenciamento e o transporte. Convém recordar que não há uma norma para saneamento ecológico e, para cuidar disso, fizemos um projeto técnico que se baseava na NBR de fossa filtro e sumidouro para justificar o dimensionamento do sistema escolhido. E para isso foi feito um projeto técnico que foi entregue à prefeitura para licenciamento. Todo esse processo de reuniões, discussões e diálogo fez com que houvesse um engajamento, interesse, curiosidade, e a construção de uma parceria com a Prefeitura Municipal de Paraty.

Além da questão do licenciamento, houve a compra dos materiais, a contratação de uma empresa que efetivamente pudesse atuar junto com os comunitários, os contratando e também todo encadeamento logístico para armazenamento dos materiais, hospedagem e alimentação da equipe. Todo esse processo de preparação foi muito importante, porque a Praia do Sono fica numa comunidade que precisa de cinquenta minutos de trilha ou pegar um barco para chegar, sendo que ela está afastada do centro de Paraty a quarenta minutos de carro. Sendo assim, todo o processo de logística, tanto da equipe quanto do material, precisou ser estruturado e cuidado. Esse é um exemplo da dificuldade de se pensar e atuar nas questões de saneamento na área rural, pois deve-se cuidar dos tempos e custos de logística, considerando que muitas vezes são isoladas e, para além disso, trazem uma dificuldade profunda no processo de mobilização e participação social no diálogo, educação e construção com envolvimento e engajamento.

No caso específico da Praia do Sono havia uma peculiaridade ainda maior. O caminho para se passar o material de construção é via barco, tendo que cruzar toda Enseada da Cajaíba, ou via caminhão até o Condomínio das Laranjeiras e de lá abastecer um barco para chegar até a comunidade e levar o material para areia. O único problema e desafio é que naquele momento o condomínio não permitia a passagem de material de construção dentro das suas instalações, pagando um transporte marítimo mensal para que esse material viesse via mar para a comunidade.

Este assunto foi muito debatido tanto dentro da comunidade, que explicitava a relevância do material passar pelo condomínio, quanto com a prefeitura, que tentava mediar as relações entre condomínio e comunidade. De fato, em termos de logística, fazia muito mais sentido levar o material de caminhão e passar com o mesmo dentro do condomínio. No entanto, por questões sociais, inicialmente foi estipulado que material passaria por mar, com o condomínio custeando o transporte.

Só o processo de transporte e de recebimento do material já eram um desafio em múltiplos sentidos. Para que esse material passasse por mar necessitava de uma maré boa e condições meteorológicas adequadas.

Combinamos o início das obras para logo após o carnaval, e assim o primeiro transporte aconteceu. Neste ínterim, por conta do carnaval, a comunidade estava cheia de lixo e não houve uma coleta adequada dos resíduos, que era responsabilidade da prefeitura. Sem dialogar com a gente (equipe técnica), a comunidade se organizou e fez um mutirão para coleta dos lixos em sacos plásticos e entrega dos mesmos no píer do condomínio, como um movimento de protesto.

Eu lembro da minha cara ao saber deste movimento; eu, técnico, engenheiro, pensando: como que isso aconteceu exatamente quando a gente consegue o apoio da prefeitura e do condomínio para fazer o saneamento?

Vale falar que essa minha mente reducionista e técnica me invade a todo momento. Mas dentro de mim, eu abro um espaço de pergunta e me permito ficar no desconforto, focar no diálogo e compreender que outras portas podem se abrir.

O transporte, que seria feito no dia seguinte, foi cancelado pelo condomínio e um processo de criminalização ambiental foi instaurado contra os comunitários. Pude perceber novamente nesse momento a disputa entre "oprimido" e "opressor". A partir de movimento que foi instaurado na polícia, a comunidade precisou de assessoria jurídica, que foi disponibilizada pela equipe do OTSS.

Esse foi um processo que abriu um diálogo entre Fiocruz, prefeitura, comunidade, condomínio; em que comunidade e condomínio entraram em litígio judicial, com relação à questão do resíduo, quando uma ação de protesto foi dita como crime ambiental pelo condomínio. Isso mostra parte da injustiça ambiental que acontece no nosso país, onde quem tem dinheiro tem as opções para criminalizar ações, ao passo que demonstra também o fortalecimento da comunidade e a reivindicação por seus direitos.

Esse foi um dos primeiros aprendizados sobre respeitar os tempos do território. A equipe precisou se acalmar, suspender as atividades e discutir como essa situação se desdobraria, junto à prefeitura. Demorou duas semanas para se chegar a uma conclusão e foi necessário atrasar a obra por esse tempo. Mas, o impacto indireto dessa situação de conflito foi que, por pressão política e social, a partir desse momento, a Fiocruz, com a Funasa, tinha liberação para passar com material de construção e com as suas viaturas com técnicos para acompanhar as obras, com uma comunicação constante e direta com o condomínio. Um fato que podia ser visto como um grande desafio, se transformou numa oportunidade com base no diálogo.

Outro ponto de conflito com relação ao transporte foi o envolvimento da comunidade. A gente marcou um mutirão para recebimento do material com a participação da comunidade, provocando envolvimento geral e engajamento. Quando o barco chegou, tivemos apoio dos guarda-parques da Reserva Estadual Ecológica da Juatinga, participação das crianças da escola que estavam engajadas com as aulas e pouco apoio da comunidade. Para além da equipe técnica, tivemos poucas pessoas participantes no mutirão e alguns comunitários olhavam para chegada do material e riam, debochavam e falavam que a obra não iria acontecer. Aquele momento foi extremamente desconfortável para mim, mas me mostrou o quanto havia questões, ruídos e situações não ditas nas palavras que eram ouvidas.

Essa sensação de descaso do poder público pôde ser percebida em muitas vozes no início do processo – "o material não chega", "essa obra não vai acontecer", "só querem pegar o nosso dinheiro" – como coletado mediante observação participante (MACHADO et al., 2018a). Ou seja, para além do que estava sendo dito, os comunitários que estavam criticando o projeto não sabiam muito bem para que ele acontecia, nem acreditavam muito no mesmo, até porque já havia acontecido uma obra que tinha sido parada na metade e não tinha sido finalizada, numa outra gestão do município.

Naquele momento, a gente já pode compreender que havia apoiadores ativos do processo, como as lideranças comunitárias que participaram do mutirão junto com os órgãos ambientais, e resistentes ativos no processo, sendo muitos deles barqueiros que não estavam atuando no processo de transporte do material de construção. Todos esses pontos demonstram a relevância de compreender a cultura da comunidade, como ela se organiza, como são os cuidados coletivos, como são as questões financeiras naquele local.

Por mais que a gente tenha tentado ser mais inclusivo no processo, nem todas as decisões, como as contratações dos construtores, dos barqueiros, foram discutidas tão profundamente com a comunidade. Algumas decisões precisavam acontecer com celeridade, mas, a partir da formalidade/legalidade, ou seja, os barqueiros contratados pelo processo precisavam ter MEI para que pudessem ser pagos via verba pública. Isso denota a pertinência de explicar o passo a passo e dialogar, para que tanto os técnicos como a comunidade estejam juntos na tomada de decisão, especialmente quando se trata de uma pesquisa-ação e de se construir ações horizontalmente.

Mas o fato é que enquanto várias pessoas torciam para as coisas darem certo, era nítido que algumas se incomodavam, reclamavam e inclusive torciam contra. Isso faz parte de um projeto que traz mudanças. Toda mudança tira a gente do nosso lugar de conforto, seja dentro da comunidade, dentro de uma instituição ou dentro de nós mesmos.

Outra dificuldade no processo de transporte foi os "engomadinhos" saírem de seus lugares de conforto e fazerem diferente. Neste caso, eu estou falando de mim mesmo. Quando falo isso, estou querendo dizer que é importante que o engenheiro coloque a "mão na obra", especialmente quando se fala em saneamento rural, para "colocar o sapato do outro" e compreender exatamente a dificuldade e os tempos dos processos, para poder se relacionar e humanizar cada trabalho que é feito. Essa é uma questão que sempre foi importante para mim, aprender a me colocar no lugar do outro nas equipes que estou participando, especialmente nos trabalhos que são realizados.

Eu já fazia exercício físico, mas atuar na obra sai de qualquer área de conforto para quem ainda não fez isso. E meu batismo foi no recebimento dos materiais. Os materiais eram entregues do barco na areia e dali a gente levava para uma área do lado da escola. O trajeto nem era tão longo, mas tínhamos que levar tijolo, cimento, tubulação, entre outros materiais. Levar um saco de cimento é levar um saco de cinquenta quilos nas suas costas. Enquanto os comunitários e guarda-parques sabiam exatamente como pegar o saco e levar de uma maneira mais adequada, com equilíbrio, eu parecia um desengonçado, pegando o saco e o levando ao longo daquele trajeto. Foi motivo de brincadeira, de risada e também um grande aprendizado, inclusive de compreender os pesos que a gente pega como seres humanos nos processos construtivos e como a gente trata as pessoas que fazem esse trabalho. Tudo isso é filosofia e reflexão. Mas, de fato, eu peguei um quinto do que os construtores e os comunitários pegaram e naquele dia voltei para casa praticamente sem conseguir mover os meus membros.

Engraçado que naquele dia eu voltei para casa e praticamente não conseguia me movimentar. Eu precisei pedir comida e lembro de ter tomado um banho, ter deitado e um grande incentivador ter trazido comida e cuidado de mim. Nos dois dias consecutivos, eu literalmente fiquei doído como se tivesse malhado por quatro dias seguidos. Só conectando os fatos, foi até bom não ter tido transporte logo em seguida, porque foi cancelado pelo condomínio e especialmente porque o meu corpo estava completamente moído. Brincadeiras à parte, todas essas dificuldades aconteceram simultaneamente e mostraram a dificuldade tanto do técnico se relacionar com o território quanto alcançar territórios isolados.

Um outro ponto que eu já mencionei anteriormente foi pensar quais materiais poderiam ser transportados via barco. De forma conservadora, tínhamos projetado um tanque de equalização, para funcionar como uma fossa prévia ao tanque de evapotranspiração que seria construído. Esse tanque seria construído com manilhas de concreto que passariam por barco.

No processo de discussão, o próprio Ticote informou que esse material não passaria por barco e que isso inviabilizaria o processo. Eu e a engenheira da Funasa não consideramos essa voz e mantivemos o projeto como estava. Quando o material chegou para ser embarcado, obviamente as manilhas não passaram e o Ticote riu bastante da nossa cara, de forma amistosa e junto com a gente. E foi um ponto de muito aprendizado, tanto para mim quanto para ele, sobre o fato de sempre que ele trazia uma informação, eu abaixava a minha cabeça e reconhecia a notoriedade do saber dele e incluía esses questionamentos dentro do processo. Vale dizer que isso aconteceu de ambos os lados e várias vezes ao longo de todo o processo de diálogo, construção e discussão do projeto.

Logo depois disso, a gente estava definindo onde seria o local da construção do sistema e os próprios construtores informaram que naquele local da escola chovia muito e alagava. Ouvimos e por isso construímos os sistemas semienterrados, para evitar qualquer problema se ocorresse alguma inundação. Eu relato esse fato porque é muito fácil falar de ecologia de saberes, mas é difícil se desconstruir na prática, no dia a dia, para incluir essas vozes e literalmente valorizá-las tanto quanto as questões consideradas técnicas.

Com relação às obras, a gente teve outros desafios. Um deles era: como contratar os comunitários para que eles participassem do processo e efetivamente compreendessem como construir e operar o sistema de saneamento ecológico? Para isso foi feito um processo de contratação pública, mas conseguimos dialogar com a empresa contratada, para que ela se responsabilizasse por contratar os comunitários e atuasse na fiscalização da obra junto com a gente nesse processo de diálogo e de participação social. Assim o processo da obra foi conduzido por um diálogo da prefeitura, apoiando com o material, dos guarda-parques da Reserva Ecológica da Juatinga, atuando em alguns dias de mutirão para compreenderem como era a construção do processo, os desafios e dificuldades e a nossa equipe técnica – o arquiteto, responsável técnico, que sabia muito mais sobre a obra e os processos construtivos, o Ticote e eu – presentes ao longo de um mês, durante todo o processo, tanto para acompanhar quanto para compreender as melhores formas de construção e, ainda, para fazer uma modelagem para pensar como seriam os próximos processos de construção dentro das casas.

Esse processo de construção e de contrataçãc dos comunitários fez com que a gente marcasse uma reunião com a empresa, com a Associação de Moradores, a prefeitura e os três comunitários que seriam contratados, indicados pela comunidade. Na reunião, um resistente ativo da comunidade veio criticando de forma bem agressiva, dizendo que aquele processo não fazia sentido e que não tinha porque realizar uma obra de saneamento na comunidade. O fato de a gente não discutir com ele e entender suas reais motivações fez com que compreendêssemos que o mesmo não tinha se sentido incluído e que ele gostaria de atuar no processo de alguma forma. Pudemos então conversar com ele e perguntar quais eram as suas questões, para poder responder de uma forma que as informações chegassem também para os demais membros da comunidade. Posteriormente, esse comunitário foi incluído numa equipe expandida, no segundo momento da construção, que aconteceu nas casas.

Uma outra situação aconteceu quando as obras já estavam começando e os comunitários viram o buraco que estava sendo cavado. À noite, enquanto jantávamos falando com outros comunitários, um comunitário que estava alcoolizado veio questionando, criticando que a prefeitura não tinha feito o sistema de tratamento de água e que ela disse que ia fazer. Eu tentei racionalmente explicar que esse era um outro projeto, via Fiocruz, com a Funasa, e que propunha trazer uma construção coletiva do saneamento ecológico, mas ele parecia querer mais criar confusão do que falar sobre o processo. Os comunitários que estavam do meu lado me apoiaram, inclusive para conseguir contornar a situação. Contudo, este não representou um caso isolado, aconteceu em algumas vezes. As críticas, entretanto, normalmente não aconteciam em momentos coletivos de diálogo, e sim por poucas pessoas que estavam alcoolizadas e atrelavam à Fiocruz e o projeto do Observatório à prefeitura, sem levar a questão até a gente nos processos de discussão coletiva.

Então o processo construtivo foi um mês de intensa ação na comunidade, com articulação com todos os atores, com participação da prefeitura, da Funasa, com muitas conversas com a comunidade e na prática, "com a mão na massa".

Enquanto eu atuei muito na questão da articulação, Thiago e Ticote ficaram muito focados no processo construtivo, fazendo alterações e acompanhando tudo diariamente com os três construtores e com a empresa contratada. Foram feitas alterações no processo construtivo: ao invés de fechar a câmara interna com tijolos ao longo de todo o sistema, por sugestão dos comunitários, foi feita uma tampa de alvenaria para fechar a câmera triangular prismática que funciona como uma fossa no tanque de evapotranspiração. Ou seja, ao longo do processo eram feitas alterações de acordo com as ideias dos comunitários e com diálogo com a comunidade, sempre focando na questão da participação social, especialmente pautados na lógica das tecnologias sociais.

O processo em si foi extremamente desgastante, exaustivo, com a equipe atuando na construção, na articulação e no acompanhamento. Na etapa de construção e educomunicação concomitantemente, ocorreram desconfortos internos dentro da equipe, entre quem estava na obra, quem estava na articulação, na coordenação do projeto e também com a comunidade e as lideranças.

Não cabe colocar todos os desafios do processo, mas nesses momentos emergem muitas sombras e, em geral, é o ego quem está na frente nos processos de discussão. Isso aconteceu nas nossas conversas com a comunidade, com a prefeitura e entre nós mesmos. E pude perceber no final da construção do módulo na escola, uma distância e um processo de conflito entre mim e o outro responsável técnico que estava mais à frente da obra. Percebi que ambos estavam mais conectados com as suas dores e a imagem que faziam um do outro do que com o processo. Normalmente, quando isso acontece numa equipe ou numa instituição, muitas vezes uma das pessoas é desligada, mas eu atuava exatamente com Dragon Dreaming e criação colaborativa de projetos e falava sobre cooperação. Não fazia sentido pensar em desligamento, nem meu, nem dele, ao invés de cuidado e cooperação.

Foi exatamente nesse processo de muitos embates que eu pude trazer o Dragon Dreaming, a partir de uma metodologia de celebração e avaliação do processo com desenhos – pontos altos, pontos baixos, e que tal? – para que a gente pudesse compreender tanto o que foi bom no processo quanto quais eram as vulnerabilidades coletivas e individuais e como cuidar disso. Não que isso tenha resolvido todas as divergências, mas promoveu um olhar de fora das tensões da equipe, seja de comunitários, seja de pesquisadores.

Obviamente não só tínhamos desafios, também muitas trocas, muitos aprendizados, diálogo em camadas profundas e desenvolvimento de relações que se baseavam na solidariedade, na compreensão mútua e na construção de visões partilhadas de mundo. Ao longo de todo o processo da obra, de tempos em tempos, durante o dia, a gente conseguia dar um mergulho no mar e celebrar que estávamos construindo o primeiro módulo, mesmo que fosse em dez, quinze minutos. Eram nesses momentos que eu estreitava a minha comunicação com o mar e continuava solicitando autorização para poder atuar na comunidade, em diálogo com os elementos e tentando entender energeticamente como a gente podia se relacionar de uma forma que aproximasse todos os atores no território. Essa era uma prática minha, de escuta da natureza e de escuta das pessoas.

Um ponto engraçado de ser ressaltado é que foi cavado um buraco muito grande para construir os dois sistemas de tanque de evapotranspiração em paralelo (isso pela vazão de esgoto gerado na escola). No processo de construção, os comunitários passavam brincando e, ainda incrédulos, perguntavam: "será que vai dar certo mesmo?", "parece que vocês vão construir uma piscina...", "como é isso mesmo?", "se vocês tampam o fundo, como a água vai sair?" (MACHADO et al., 2018). E a partir dessas perguntas e brincadeiras, a gente podia explicar o processo, tecnologia e conversar sobre como seria todo o sistema. Muitos dos diálogos aconteceram numa relação um a um. Muitos dos comunitários não vinham para as reuniões coletivas para discutir o processo, ficando muitas vezes restritas às lideranças comunitárias, tanto as críticas quanto os incentivos.

Bom, sistema construído, diversos desafios e aprendizados e tanto comunidade, Fiocruz/Funasa, bem como prefeitura, felizes de construírem o primeiro módulo de saneamento ecológico juntos. Foi nesse momento que marcamos uma inauguração do sistema de saneamento ecológico, com distribuição de camisas e bonés, com espaço de educação e com um palco para que comunidade, prefeitura e também Observatório (OTSS) pudessem falar da temática do saneamento e valorizar aquele momento. Tecnicamente, era muito claro para mim a relevância de falar da atuação conjunta, coletiva e fortalecer o processo de saneamento na área rural junto à prefeitura. Porém, naquele momento, o Fórum de Comunidades Tradicionais subiu no palco, "pegou a palavra" e, junto com os comunitários, trouxe a pauta da educação diferenciada. Trouxe uma outra pauta e lutou pelos seus direitos. Esse processo gerou um ruído e uma fricção, pois a prefeitura não esperava aquela postura crítica e reativa em outro campo de atuação.

Tinha muitos representantes da comunidade, da prefeitura, da Fiocruz e da Funasa. Naquele momento, eu ainda estava aprendendo sobre toda a questão do território, sobre o fortalecimento das comunidades tradicionais e, particularmente, me incomodou esse posicionamento porque ele divergia da minha linha de raciocínio. Esse posicionamento gerou afastamento entre a prefeitura e o Observatório para construção de novas ações conjuntas no campo de saneamento por um bom tempo. No entanto, foi exatamente essa pauta discutida naquele dia, junto com outras lutas e outros questionamentos, que abriu a perspectiva para que se fosse validado junto ao prefeito, naquela data, que haveria turma de educação diferenciada. No ano seguinte, foi iniciado um projeto de educação diferenciada nas comunidades da Praia do Sono e do Pouso da Cajaíba (SOUZA, 2017) e seguem até os dias de hoje se expandindo.

Pesquisa-ação é espiral. Falamos que é preciso educar para transformar. Mas na hora que a população reivindica seus direitos, o olhar reducionista do técnico pode se incomodar. Na verdade, foi extremamente relevante perceber como a educação se expandiu e tomou uma forma maior, de maneiras que eu nem conseguia conceber.

Eu trago essa questão, pois muitas vezes os engenheiros, interventores e pesquisadores podem estar muito focados em uma questão específica, mas é importante a gente compreender, sistematicamente, as necessidades de uma comunidade, de uma população, de um território. Logo, aquela comunidade sabia, muito melhor do que eu, o que era para ser pautado naquele momento de inauguração, para continuarem a luta por seus direitos. É e algo que eles já faziam há muito mais tempo do que eu. É nesse sentido que cabe abaixar a cabeça e compreender que o outro, o território, muitas vezes sabe muito mais do que nós.

Outro ponto relevante, é que um processo que busca fortalecer as comunidades tradicionais deve buscar o protagonismo e a atuação desses comunitários ao longo de todo o processo. E uma parte minha buscava essa participação, esse protagonismo, e quando ele não aconteceu da maneira que considerava adequada, eu julguei dentro de mim. O diferencial é que não me prendi a esse julgamento e pude olhar de fora e estar aberto a compreender as narrativas de cada uma das partes e os diversos pontos de vista. Mas vale dizer que esse julgamento muitas vezes acontece tanto nas instituições públicas quanto dentro dos comunitários, nos técnicos e em cada um dos atores envolvidos. E precisamos aprender a cuidar dessas relações e dar lugar a essas vozes para aprendermos a fazer diferente.

Compartilho também aqui uma reflexão similar da colaboradora da Funasa que, tanto quanto eu, passou pelo mesmo processo de desconstrução e reflexão:

> "Sem dúvida a passagem do lixo no Carnaval foi marcante. E para mim foi uma virada de chave. Primeiro eu fiquei indignada. Mas depois comecei a ver a situação por outra perspectiva. Nosso projeto não era maior do que as disputas deflagradas no território. Elas não iam cessar para que a gente atuasse lá. Passei a ser mais empática com a vivência daquela população, que era tão cerceada de direitos. Se antes eu me achava uma técnica imparcial, o que hoje sei ser impossível, a partir desse episódio passei a tomar partido e ser mais aberta às questões que estavam sendo colocadas, ainda que não concordasse com algumas delas." (PATRÍCIA)

Apresentação da ação em espiral:

Quando visualizamos o saneamento por meio da ecologia social, seu princípio particular diz respeito à promoção de um investimento afetivo e pragmático em grupos humanos de diversos tamanhos. Para este tipo de troca e mudança simbólica, os projetos devem promover trocas entre todos os atores, com a inclusão dos indivíduos atendidos no território, de forma horizontal mediante uma ecologia de saberes, gerando autonomia individual e coletiva (SANTOS 2003; GALLO; SETTI, 2012a, b).

O desafio é desenvolver práticas que fomentem a reflexão por meio da práxis e reinventem as maneiras de ser dos coletivos em seus diversos contextos. Para isso, é necessário focar nos modos de produção de subjetividade, por meio da construção de novos símbolos nos coletivos, relacionados com o cuidado humano (FREIRE, 1983).

Ao longo da construção do primeiro protótipo, o qual durou quarenta dias, a equipe multidisciplinar permaneceu no território, acompanhando e participando da obra, literalmente "colocando a mão na massa" junto, ouvindo os construtores e fazendo alterações ao longo de todo o projeto, a partir das reflexões coletivas e dos questionamentos trazidos pelos construtores. Além da explicação para os construtores, grande parte da mobilização social foi realizada enquanto a comunidade passava pela obra, em conversas individuais.

Além das ações de mobilização para dentro da comunidade, a equipe multidisciplinar participou das reuniões do Comitê de Bacias Hidrográficas da Baía da Ilha Grande (CBH-BIG), órgão regulador da região, veiculando o projeto, comunicando aos diversos atores e líderes comunitários, para expandir essa reflexão e provocar a difusão do saneamento ecológico em outras localidades.

Após a construção do primeiro módulo, realizou-se avaliação coletiva sobre todo o processo de atuação intersetorial, licenciamento da obra, contratação pública dos serviços, estabelecimento de parcerias, obra e ações de mobilização social, para que a equipe pudesse rever suas ideias coletivamente e criar novas formas que são mais adaptadas à natureza e à comunidade, atendendo às necessidades inerentes da tecnologia social. Essa avaliação foi realizada internamente e com todos os atores envolvidos por meio de reuniões e oficinas em um novo ciclo, para planejar a segunda etapa do saneamento ecológico nas casas da comunidade.

Resultados

Na Praia do Sono, a água bruta era distribuída por mangueiras improvisadas, instaladas pelos próprios moradores, muitas vezes próximas da tubulação de esgoto, com vazamentos de ambas as tubulações, o que representava grande possibilidade de contaminação cruzada. Após o início do projeto e ampliação do diálogo do FCT e da Associação de Moradores com a PMP, alguns serviços foram resolvidos pelo poder público municipal. Simultaneamente à obra de saneamento da escola, a PMP concluiu uma rede de distribuição de água com tubulação adequada melhorando a situação. No entanto, ainda não há sistema coletivo de tratamento da água.

Pela observação participante e visita às casas junto à agente de saúde, verificou-se que a comunidade passava por um questionamento com relação à qualidade da água disponível. Aproximadamente 50% das casas têm filtro de barro, o que demonstra uma percepção de que a água não esteja adequada para consumo e algumas famílias consomem água engarrafada. Não obstante, grande parte da comunidade ainda consome água sem qualquer tratamento. Essa percepção também se apresentou nas aulas de educomunicação ambiental junto às crianças, que informaram tomar água do filtro de barro e não poder mais consumir a água diretamente do rio.

Durante as oficinas realizadas na associação de bairro, na REEJ e na PMP, foi possível discutir e clarear a relação entre a contaminação das águas superficiais e subterrâneas e diferenciar o lançamento de esgoto doméstico feito em fossas sépticas, sumidouros ou diretamente no rio sem tratamento. Os constantes diálogos, coletivos e individuais, não só aumentaram a sensibilização da comunidade e de muitos outros atores locais, mas também estimularam o público a questionar suas realidades e sugerir novos paradigmas.

Essa troca pode ser constada em diversas falas após a finalização da obra, principalmente na do comunitário-pesquisador que participou de todo o processo desde seu estudo e concepção:

> "eu consegui entender que ninguém sabe nada, sabe, eu sempre achei que eu sabia muita coisa. Os engenheiros sempre acham que sabem tudo e a gente, num momento desse, a gente descobre que a gente não sabe nada, cada um aprendendo com o outro. E aí uma troca muito boa da gente, estar sempre aprendendo um com o outro" (PERMACULTOR ATUANTE NO PROCESSO)

Durante todo o período da obra, a equipe passou por dificuldades na mobilização social, especialmente na desconstrução simbólica sobre a destinação do esgoto. A cultura em relação ao saneamento, à saúde e ao uso de fossas para o esgoto mudou, conforme observado nos seguintes comentários de membros da comunidade em conversas individuais registradas no diário de campo (MACHADO et al., 2018a):

> "Agora que o sistema da escola está funcionando, percebo que pode funcionar também para as casas, o Barra (o principal rio da comunidade) é de todos. Não está limpo. Parece limpo, mas não é" (ROGERIO)

> "A maioria de nós faz fossa com tijolos, mas não tem fundo, que polui o chão, agora a gente se envergonha, porque nós aprendemos a maneira correta de tratar nosso esgoto" (OLAVO)

Outro fator importante na disseminação da tecnologia foi a sensação de empoderamento dos construtores. Um deles, entre a primeira e a segunda fase do projeto, foi contratado para construir o modelo em um camping da comunidade e realizou a obra sozinho, apenas vendo o projeto inicial, com algumas recomendações dos técnicos do projeto. É importante ressaltar que o mesmo já pensou em alterações para o projeto na sua primeira reaplicação, ou seja, uma conscientização por meio da práxis, como abordado por Freire (1983). Nas conversas com os construtores ao longo do processo e após a construção, puderam ser coletadas outras vozes que ratificam a percepção de empoderamento e pertencimento ao participar do projeto (MACHADO et al., 2018a):

> "Agora a gente já sabe construir sozinho" (TIAGO)

> "Pelo o que eu vejo, já que eu trabalhei na escola, eu estou vendo que não está nada indo pro solo" (PAULO)

> "A gente faz pros outros e pode fazer pra gente também, né?" (ROGERIO)

> "A gente quer aprender cada vez mais, (...) você faz um negócio desse, que não vai poluir a nossa cachoeira, ótimo isso" (PAULO)

Após a finalização da obra (figura 7), a comunidade pode se ver mais pertencente ao projeto e abrir suas casas para a equipe técnica. Após essa etapa, a equipe teve permissão dos moradores para fazer diagnóstico das casas e ter maior diálogo para pensar as novas ações de saneamento.

Figura 7: Módulo da escola construído e em operação.

Fonte: Machado (2019).

No caso da comunidade caiçara da Praia do Sono, o trabalho intersetorial permitiu um maior nível de convergência com as ações do município, que é legalmente responsável pelo atendimento. Com base nesses laços fortalecidos entre a comunidade, o PMP e o OTSS, novas formas de responsabilização compartilhada, que efetivamente atendam às necessidades da comunidade puderam ser desenvolvidas. A assinatura de um Acordo de Cooperação Técnica entre a Fiocruz e o PMP, em relação às ideias de tecnologias, para universalizar o saneamento em Paraty (incluindo áreas rurais), é um dos aspectos positivos que devem ser destacados. Tal diálogo inclui o fato de que, após a troca de conhecimento e experiência prática, o governo municipal tem considerado a promoção de ações de saneamento ecológico em outras comunidades do território.

Os maiores desafios encontrados na construção do primeiro módulo foram no campo da comunicação, e tiveram que ser cuidados para manter as relações ao longo do processo. Esses desafios passaram por questões entre FCT/Associação com a PMP, entre o OTSS com a comunidade, internamente no OTSS com a Fiocruz, para executar a verba e contratar os comunitários, entre o OTSS e a PMP – na assinatura do acordo de cooperação –, entre o OTSS/Associação e o Condomínio Laranjeiras.

Ficou claro já nas primeiras ações a importância de se apropriar da ecologia de sentidos (CAMPOS, 2014) na prática e valorizar as diversas visões de mundo para promover convergência coletiva e identificação com o propósito maior, que era promover saúde, fortalecimento comunitário, saneamento, autonomia e sustentabilidade local.

CONSTRUTORES COMUNITÁRIOS ATUANDO COM SANEAMENTO ECOLÓGICO
FOTO: EDUARDO NAPOLI

10.

CONSTRUÇÃO NAS CASAS

> "Que as pessoas tivessem mais consciência do seu lugar, gostar mais da natureza, aquela coisa que a gente tava falando, que se não é isso não tem turismo, né?! Então acho que as pessoas tem que se dar mais valor assim, se valorizar mesmo. Porque só tem isso tudo porque tem o caiçara, né?!"
>
> (LUIZA) (MACHADO, 2019, p. 265)

Eu termino a parte de construção do primeiro módulo na escola falando de cuidado, e é engraçado que foi exatamente isso o que faltou em diversos momentos quando a gente estava na construção dos módulos nas casas, que era especialmente quando a gente podia desenvolver e aproximar a relação com os comunitários.

Terminamos o primeiro módulo animados. No meio dessa energia, fizemos uma reunião com a comunidade para discutir o processo, ouvir a voz deles e entender como caminharíamos com relação às obras nas casas. Seriam mais ou menos dez módulos para construir nas casas, contemplando vinte tecnologias. A ideia era que esse processo fosse participativo e que pudesse ser dialogado ao longo de toda a ação. Essa era a intenção de todos: nossa, dos comunitários e do Observatório. Na prática eu pude compreender o quanto seria difícil manter o diálogo enquanto estávamos no processo de construção contínua. Mas, antes disso, a gente teve outros desafios

Um dos primeiros desafios foi apontado pela comunidade e também verificado por nós. O fato de contratar uma empresa para construir o primeiro sistema fez com que grande parte do custo/investimento financeiro ficasse para essa empresa em relação aos tributos, impostos e taxas que devem scr pagos, sendo apenas uma parte do valor derivada para pagamento dos comunitários. Essa foi uma das primeiras bandeiras que foram discutidas, a relevância de se contratar diretamente os comunitários, sem intermediários, para que o valor fosse distribuído integralmente, valorizando os fluxos endógenos e promovendo uma economia solidária local, a partir de uma perspectiva de incubação social. A perspectiva era de que os construtores pudessem ser mobilizadores sociais dentro da comunidade, mas também estivessem preparados para construir em outras localidades.

Mas não era um caminho fácil. Como a verba era pública, tivemos que criar os caminhos administrativos e burocráticos para essa contratação direta.

O processo de organização da contratação passou por diversas reuniões com a Fiotec (que é o setor administrativo do braço executivo da Fiocruz), com discussão com as advogadas, com o administrativo e ainda articulação e compreensão da comunidade, já que foi um processo que demorou praticamente seis meses para se solucionar como aconteceria a contratação.

Ao final de toda essa discussão, definiu-se por contratar os construtores como microempreendedores individuais (MEI). Relativo a isso, o Observatório se organizou para dar todo apoio na elaboração dos seus registros, para que fossem contratados diretamente e pudéssemos contar com uma equipe de construtores dentro do Observatório, aprendendo e discutindo junto com a gente. Vale ressaltar que, para que esses processos pudessem ser alterados, foi necessário que o setor jurídico da Fiotec pudesse compreender a dinâmica do território, baseado na participação dos comunitários, do Jadson e do Ticote nas reuniões apresentando a realidade deles. Eu digo isso porque para fazer saneamento rural, cabe compreender o contexto do território, aprender como fazer execução financeira na prática e, principalmente, perceber como envolver as comunidades. Esse é um dos gargalos no processo de execução de intervenções junto às populações.

> **Então esse é um fator crucial: começar as intervenções de saneamento pelos moradores e pela comunidade que está engajada e quer participar do processo.**

Com relação à questão construtiva, um dos principais obstáculos era a dificuldade do transporte de materiais, em relação à logística. Em função disso, a gente pensou em alterar os métodos construtivos. Ao invés de utilizar tijolo e alvenaria para construção da estrutura do tanque de evapotranspiração, pensamos em utilizar sacos de superadobe e hiperadobe, com bioconstrução, usando a própria terra cavada junto com cimento dentro dos sacos, para estabilização, e formar as paredes dos módulos. Outra estratégia elaborada foi utilizar pneus em vez de tijolos para construir as câmaras internas (onde acontece a biodigestão do esgoto), permitindo maior agilidade no processo de construção e o uso de resíduos como matéria-prima, conforme os princípios da economia circular. Todas essas alterações de processos foram expostas, discutidas e validadas com a comunidade.

Um outro ponto foi a definição de quais casas receberiam os módulos e como isso seria decidido. Neste caso, fizemos reuniões para discutir a contratação dos comunitários, as mudanças estruturais dos módulos e também qual seria a ordem de construção das casas. Trouxemos a ideia, que foi aceita, de construir de cima para baixo, ou seja, nas primeiras casas mais próximas à nascente do rio para inclusive compreender como estava mudando a qualidade das águas.

Aliás, uma questão digna de nota, e que foi um dos nossos maiores aprendizados, é não começar pelas questões técnicas, mas sim pelas pessoas que estão envolvidas e querem construir junto. A gente fez uma escolha técnica junto com a comunidade, mas pessoas que estavam em algumas casas na parte de cima não estavam interessadas ou eram resistentes ao projeto e simplesmente não participaram ao longo do processo, apenas criticando. Inclusive essa percepção e aprendizado veio de uma das lideranças comunitárias, que falou da importância de se construir com quem quer estar presente. Então esse é um fator crucial: começar as intervenções de saneamento pelos moradores e pela comunidade que está engajada e quer participar do processo.

> "Pra quem quer, pra quem tá precisando, pra quem vai valorizar, entendeu? Porque ia dar muito mais certo o projeto. Porque aquela pessoa que precisa, ela vai falar tão bem, que quem não precisa ia querer, entendeu?! A gente tem que começar sempre do lado de mais ajudar quem precisa, para poder valorizar o trabalho" (LUIZA).

Referente a isso, um outro ponto que percebemos mais adiante foi a relevância de que os comunitários dessem alguma contrapartida, fosse participando da obra, ajudando a cavar o buraco, efetivamente "colocando a mão na massa" junto com a equipe. Isso porque nós procedemos na segunda etapa com a contratação de construtores para execução da obra e também com o convite para que os moradores participassem (o que quase não aconteceu).

Depois de tudo alinhado – contratação dos construtores, alimentação e transporte dentro da comunidade, valorizando os fluxos endógenos –, conseguimos comprar o material em lojas de Paraty para dispor de entregas constantes. Com todos os processos burocráticos e administrativos cuidados, estávamos prontos para começar. Mas devido à demora nas tratativas, mais especificamente seis meses, a comunidade já não estava tão confiante e tão próxima do processo. Então, neste momento também tivemos desafios e ainda escolhas inadequadas de focar na obra e menos no diálogo. Visto que todo o processo de construir em diversas casas envolve muita dedicação e energia, acabamos focando nas ações estruturais, de obra, intervenção, e como estávamos com redução da equipe, não cuidamos tanto do diálogo, nem das reuniões mensais com diversos atores, nem das reuniões mensais e periódicas com a comunidade.

Enquanto não cuidávamos tanto da comunicação "para fora", tanto a equipe técnica quanto a coordenação do projeto percebiam o quanto todos estavam frágeis e vulneráveis seja no projeto de saneamento ecológico, seja nos demais projetos. Devido a esse fato, a coordenação construiu uma estratégia de cuidado, que consistia em encontros de diálogo e construção de conhecimento denominado "Mentes abertas e corações pulsantes", com uma intenção focada na formação e no cuidado, a partir do campo mental e social.

Naquele momento, eu percebia que havia essa vontade de cuidado. Mas, como engenheiro que também é terapeuta holístico, sentia necessidade de um cuidado afetivo, acolhedor e holístico. Assim, foi no hiato entre a adequação dos processos para a construção que tive a ideia de fazer uma formação de *reiki* como um desses encontros e realizar encontros semanais de *reiki* fraterno não só para nossa equipe, mas também para quem do Observatório ou da comunidade quisesse estar presente. A ideia era que tivéssemos pesquisadores do Observatório formados, aplicando e se cuidando ao longo de todo o processo.

Cabe ressaltar que essa foi a forma de cuidado que eu trouxe para o Observatório, mas havia e há várias formas de cuidado, como dos quilombolas com as místicas de abertura e fechamento das reuniões de planejamento – com uma quilombola incrível da educação diferenciada –, ou as diversas formas de cuidado, afeto e conexão com a espiritualidade – e que cada um trazia a sua. Mas o *reiki* como formação no "Mentes abertas e corações pulsantes" foi a forma que eu trouxe para poder cuidar e permitir que houvesse lugar para nomear os desconfortos no coletivo. Para isso, mesclei a metodologia de acolhimento do Dragon Dreaming, com check-in e check-out, e esvaziamento, com a meditação do *reiki* e a aplicação coletiva para cuidado e autocuidado.

Só o processo de formação de *reiki* já foi incrível, com participação de nove a dez pessoas. Depois disso, passamos a ter encontros todas às segundas-feiras das 18 horas às 20 horas, quando podíamos nos acolher, falar de como estávamos, dar e receber *reiki*, nomear e acolher as dores individuais e coletivas. Além disso fazíamos *reiki* para o Observatório, para cuidar energeticamente de todos os processos, podendo fortalecer o grupo e o cuidado. Esse processo se manteve por mais ou menos um ano e trouxe muitos aprendizados, com um grupo constante de sete pessoas que se encontravam semanalmente, mas com outras pessoas intermitentes.

Eu lembro de um momento muito representativo, que um comunitário quilombola muito querido estava saindo de uma reunião, sentou na escada e ficou ouvindo a nossa conversa. Antes de começarmos o *reiki*, como eu já falei, tínhamos um momento de acolhimento, de check-in e check-out, quando podíamos falar de como estávamos. Neste momento, abria a oportunidade de quem estivesse presente poder ouvir a gente e querer se abrir e falar. E ele trouxe o quanto se incomodava e percebia que quando se engajava numa reunião e defendia algum ponto de vista, muitas vezes ele falava de forma agressiva, mesmo quando dentro dele não havia aquela agressividade. E ele podia perceber que isso acontecia por toda opressão que já tinha vivido e que percebia que "seu povo" também vivia constantemente. Ele falou mais que isso, mas aquele momento me abriu o quanto é importante termos espaços de cuidado dentro de projetos sociais para cuidar das pessoas que atuam com as comunidades e na comunidade também. Então criar esses espaços de cuidado e de práticas integrativas complementares de saúde (PICS) é de extrema relevância para que as pessoas possam estar fortalecidas para lidar com todos os desafios que acontecem e no processo de comunicação e articulação.

No meu caso, eu era mestre de *reiki* e pude trazer o *reiki*, o acolhimento, Dragon Dreaming, mas há várias outras técnicas, como a roda de terapia comunitária, que são muito interessantes e podem ser utilizadas junto com a comunidade ou para dentro de um projeto. O que eu quero trazer aqui é a importância de pensar o cuidado dentro de intervenções e instituições, sejam elas quais forem. Criar esse espaço de celebração e de escuta, onde se pode falar dos incômodos e lidar com o que emerge dentro de cada pessoa, dentro das equipes, promove aproximação e motivação.

Isso fala da minha relação para dentro do Observatório e as trocas que tivemos com todas as outras pessoas. Mas, voltando para o processo com as obras de saneamento ecológico na Praia do Sono, o momento de construção incluiu diálogo, mas ruídos e rusgas também aconteceram com a equipe, construtores e comunitários.

A primeira casa que foi construída não tinha banheiro nem instalações de chuveiro. Essa era a casa mais próxima do rio da Barra, a que estava mais acima da nascente. Embora não tivéssemos um contato tão próximo da prefeitura, solicitamos seu apoio na aquisição de materiais de construção desse banheiro, para que a gente pudesse focar no sistema de saneamento ecológico. No entanto, não tivemos retorno e decidimos construir ambos com bioconstrução.

O Tiago, que era arquiteto, permacultor e bioconstrutor, aproveitou o processo para ensinar aos construtores o método de bioconstrução com hiperadobe e superadobe. E foram muitos aprendizados. Entretanto, todo o processo demorou bastante tempo. Construir o banheiro, o sistema de evapotranspiração e o círculo de bananeiras demorou cerca de dois meses e meio, sendo que tínhamos organizado construir cada sistema de saneamento ecológico em um mês. Esse módulo ficou incrível e foi muito reconhecido pelos atores externos, pelos órgãos ambientais e até hoje ele é um dos pontos que são mostrados nas visitas técnicas, contudo, dentro da comunidade houve muitas críticas e reclamações de que a gente estava privilegiando um morador em termos de tempo e material.

Figura 8: Projeto executivo da primeira casa com banheiro e TEvap construídos com bioconstrução.

Fonte: Machado (2019)

Paralelamente a isso, passamos a ter alguns problemas com construtores envolvidos no processo, no tocante a faltas (especialmente do construtor que atuava como mestre de obras), furto e sumiço de material de obra. Começamos a ser apontados pela comunidade como se estivéssemos roubando o próprio material que tivemos tanto esforço para levar para o território, sendo que a própria comunidade sabia quem estava de alguma forma furtando esse material.

Diante deste cenário, percebemos que não estávamos conversando tanto e marcando reuniões com a comunidade. Assim, retornamos as reuniões, inclusive para explicar o processo e argumentar que não fazia sentido a gente comprar o material e levar até o Sono para depois trazer para cidade, esclarecendo que muitos daqueles processos de furto tinham acontecido no próprio território.

Um outro ponto que foi desafiante foram essas críticas quanto às escolhas feitas pela equipe técnica, e realmente não tínhamos partilhado coletivamente junto à comunidade sobre as decisões de construir o banheiro nessa primeira casa. Esse fato é um exemplo que se repetiu diversas vezes ao longo do processo construtivo, em que tomamos decisões técnicas e não dialogamos em reuniões coletivas, tanto com a comunidade quanto com os outros atores envolvidos. Isso aconteceu porque acabamos atropelados pelo processo construtivo e não conseguimos cuidar da participação social e da comunicação. De alguma forma, a gente só percebeu quando estava fechando o primeiro ciclo de seis meses de construção e só tínhamos construído quatro módulos e oito tecnologias nas casas, sendo que ainda faltavam seis módulos, contemplando doze tecnologias. Cabe ressaltar que este era o tempo estipulado para construir todos os módulos. Ou seja, no tempo definido para construir todos os módulos, a gente conseguiu construir apenas metade dos protótipos.

Todo o processo utilizando bioconstrução foi muito interessante, mas necessitou de mais aprendizado. Demorou mais tempo do que utilizar tijolos e esse é um fator que também foi contabilizado. Pudemos compreender, assim, que as questões com relação às obras em bioconstrução levam mais tempo e demandam mais diálogo, por ser um método novo. Nesse sentido, este pode ser um processo muito interessante para ser conduzido em modelo de mutirão, com participação dos moradores na construção dos módulos das suas casas. No nosso caso a gente fez com uma equipe técnica da própria comunidade construindo casa a casa.

Entre outras adversidades nos processos construtivos, uma delas foi o alcoolismo de um dos membros da equipe construtiva. Ele ia alcoolizado muitos dias, acabava discutindo com outras pessoas e também corria risco de acidentes consigo e com terceiros, agravado pela falta de uso de equipamento de proteção individual (EPI). Nesse contexto, eu tive que conversar com a pessoa e com toda a equipe, fazer seu desligamento e comunicar à comunidade. Todo o processo foi desgastante em muitas camadas. No final a comunidade compreendeu que não podíamos atuar com alguém alcoolizado; referente aos furtos que aconteceram, confiaram que não estavam relacionados à equipe, mas demandaram que as decisões fossem melhor partilhadas com o coletivo.

Um outro problema, mais relativo à construção, é que em uma das casas o tanque de evapotranspiração foi construído na encosta, de modo que 60% dele estava para fora da terra. Essa foi uma mudança estrutural utilizando a bioconstrução para tanque de evapotranspiração, que ainda desconhecíamos. Podemos perceber na prática que a força da água nesse tanque fez com ele fosse abrindo aos poucos, com vazamento do esgoto e mau funcionamento do sistema. O referido sistema continuou vazando e fizemos quatro intervenções para tentar resolver a situação. A moradora, com razão, ficou muito incrédula, desconfortável e incomodada. Esse foi outro aprendizado. Depois dessa intervenção, não construímos mais nenhum sistema em encosta. Além deste, teve um outro problema, no caso, com um núcleo familiar que incluiu outras casas no sistema, gerando um fluxo de água muito maior, o qual impedia que o sistema funcionasse bem. E embora tivéssemos dialogado muito, tanto com a moradora quanto com a prefeitura, para tentar mediar/resolver a situação, ao fim a moradora decidiu desativar o sistema. Toda essa situação foi acompanhada com articulação e comunicação com todos os atores, mas gerou desconfiança na comunidade, aliado a outros contratempos que vou relatar aqui.

Nós instalávamos um tanque de evapotranspiração para tratar as águas de sanitário e alguns sistemas para tratamento das águas cinzas em que foram utilizados círculo de bananeiras, filtros de água cinza e valas de infiltração. Esses sistemas eram definidos junto com cada comunitário. No entanto, havia uma cultura de deixar a torneira externa da casa aberta. Isso acontecia especialmente em função da cultura hídrica daquele território, de que antes as águas eram coletadas por canaletas de bambu e passavam pela casa e voltavam para o rio, como pode ser verificado nas entrevistas e nas vozes comunitárias.

> "É, agora tem umas casas que as pessoas não conseguem, né, que os tradicionais não conseguem botar torneira, pela cultura do local, que antes de ter o cano de mangueira a água era puxada, buscada no balde, nos baldes, na panela e tal, pra trazer. Ou nos galões, pra trazer pra dentro de casa, né. Depois vieram os canos em forma de bambu, né, bambu até porque não existia mangueira na época, né, até dentro de casa. Não tinha torneira, até porque não tinha como represar a água, vir direto e tal. E.... depois vieram aqueles canos pretos, mangueiras pretas que a gente chama de macarronada também, né, e aí um outro botava mangueira, mas a maioria não, botava torneira, a maioria não, assim... e hoje mesmo o cano colado, o cano vedado e tal, tem pessoas que têm, pelo menos três ou quatro que a gente conhece que não quer botar torneira, né. É difícil, pela cultura da pessoa, às vezes porque o cano tá muito colado e ele acha que vai descolar. Ele acha que se botar a torneira ele acha que vai esquentar, o outro acha que represar, vai sujar a água.... Aí uma série de fatores. É a cultura mesmo assim" (PEDRO).

O fato dos moradores deixarem a água corrente, a torneira aberta, fazia com que os sistemas de tratamento das águas cinzas transbordassem, o que aconteceu em alguns casos. Mesmo orientando a comunidade quanto a isso e tendo retorno verbal de que cessariam, fechando as torneiras, quando voltávamos, algumas estavam abertas, o que gerou muitos desafios no tratamento das águas cinzas.

Dentro do projeto a situação também estava complicada, pois a coordenação questionava algumas decisões e o tempo utilizado para construção dos módulos ter sido subdimensionado. Além disso, a equipe estava cansada e com ruídos internos. Dentro de nós, o ego e as sombras começavam a falar, apontar culpados, criticar e se distanciar. No mais, havia conflitos invisíveis e indizíveis que me afastavam do outro técnico, que eu considero um amigo. Todos esses reveses se atravessavam e geravam ruídos e falhas de comunicação.

Havia uma culpabilização dos comunitários para com a prefeitura e com a gente. Além disso, uma culpabilização da prefeitura para com os comunitários e com a gente. E, invariavelmente, havia uma culpabilização nossa com os comunitários, com a prefeitura, com a coordenação do projeto e entre nós. A dificuldade do diálogo e das conversas afasta as pessoas e gera uma desumanização no processo, em que consideramos que o erro está no outro. Esse fato mostra na prática a importância de sair da culpa e criar pactos comuns.

Entramos na culpabilização do outro inconscientemente quando temos um desafio, seja ele individual ou coletivo. Isso acontece nos projetos e nas relações, apontando a necessidade de mudar esse paradigma.

Foi nesse exato momento que eu percebi a importância da gente cuidar das relações e compreender quais eram os problemas no processo. Para isso eu trouxe o Dragon Dreaming e várias das suas ferramentas para cuidar das relações.

Para unificar e compreender quais eram os problemas com a equipe interna, utilizamos o método Dragon Dreaming para planejar a finalização dos próximos passos, contemplando: círculo dos sonhos, falar dos desafios, falar dos dragões e das sombras e "desenhar" quais seriam as atividades em tabuleiro de jogo – karabirrdt. Juntos, definimos responsáveis, administramos o tempo e conseguimos adequar todo planejamento para finalizar as intervenções nas casas. Mas ainda faltava escutar a comunidade e os construtores. Para que os construtores pudessem participar desse processo, fizemos uma avaliação coletiva com Dragon Dreaming identificando os pontos altos, os pontos baixos e o que deveria ser diferente. Fizemos uma roda de conversa, na qual todos puderam se colocar, ouvimos cada um explicar como estavam as coisas e, a partir daí, informamos que precisaríamos de um tempo para retomar as obras.

Depois disso, retornamos à comunidade e também fizemos a mesma metodologia com eles, tendo uma roda de conversa com celebração e muita escuta, compreendendo todos os desafios que eram apontados por eles e trazendo possibilidades de caminho e convergência para que, desde aquele momento, a gente pudesse cuidar juntos da condução das atividades nas demais casas. O fato de estarmos abertos à escuta sempre voltou a nos aproximar da comunidade e continuar trocando experiências e aprendizados. Mas, de fato, muitos problemas aconteceram no processo de operação e manutenção dos sistemas, especialmente com relação ao tratamento de águas cinzas.

Todo o processo de retorno à comunicação e ao cuidado reaproximou os atores locais, internos e externos, para que pudéssemos responder a tantos desafios coletivos. É quando a responsabilidade pode ser compartilhada que podemos aprender a fazer diferente.

> "Eu acho que... eu achava isso que era só responsabilidade da prefeitura, do município, vamos dizer assim, por a gente estar aqui, por a gente votar neles, essas coisas. Mas a gente também mora em uma área de proteção ambiental, né?! Eu acho que também é dos órgãos, não só do jeito que faz, ah, vai multar e pronto. Eu acho que eles têm que ter uma solução, agora pensando assim, sabe. E nossa, né?! Também, claro, se a gente fica sentado, esperando tudo passar, não vai fazer. Mas o importante ainda é nós, né?! Mais responsável ainda é nós. Porque é nossa saúde, somos nós que moramos. E aí a gente tem que correr atrás de buscar isso, não dá para a gente ficar sentado, esperando e 'ah é, obrigação da prefeitura'" (LUIZA).

> "Ai, eu acho que de todo mundo... Acho que é da prefeitura, da comunidade, do morador, da REJ, sabe?! Eu acho que tem que ser de todo mundo... Acho que assim, cada um com a sua tarefa mas tem que ser uma responsabilidade conjunta mesmo" (LARA).

"Nossa! É minha, minha responsabilidade, do meu marido, da minha sogra, da minha cunhada, do meu sobrinho... Gente, das minhas filhinhas, porque eu tenho que ensinar pra elas desde cedo. A gente... eu na cidade aprendi, mas lá o processo já era comum. Aqui eu tenho que aprender que vai depender de mim pra que o processo não seja como é feito lá. Então, essa é a minha diferença; então eu acho que a gente precisa ter essa consciência cada um" (JULIA).

"Cara, a responsabilidade... Cara, eu acho que a responsabilidade é mesmo de cada um, cara... Já que aqui não tem uma coisa que é tipo cidade. A cidade... o esgoto lá é jogado, e aí não sei pra onde é jogado, não sei se é tratado também, não sei... Tipo condomínio: condomínio ali, é... cara, tem um tratamento, né?! Tem um tratamento lá, depois é jogado no mar uma água boa já. Cara, mas eu acho que cada um tem que cuidar do próprio esgoto, como cada um cuida do seu lixo, entendeu?! Cada um (inaudível) leva lá pro barco, tem a preocupação da praia para ir pro barco, porque não pode ficar em casa, tem que ser isso também. Ser tratado pela própria pessoa que tá fazendo" (ROGERIO).

"Cara, eu acho que a responsabilidade é de todos nós. Porque a gente tá muito acostumado a falar que a responsabilidade é do poder público. Mas a responsabilidade é nossa. Sabe, por que... quem gera esses dejetos? Quem gera essa coisa sou eu. Então eu tenho por obrigação cuidar disso" (RAFAEL).

Um ponto muito relevante que foi discutido ao longo desse processo foi a questão de como tratar as águas cinzas, da relevância de fechar a torneira no processo, e como a gente aponta no outro a falha ou o erro. No diálogo com as lideranças comunitárias, percebemos que havia uma dificuldade de traduzir as compreensões dos técnicos para comunidade e vice-versa, foi quando decidimos por construir uma cartilha/guia de saneamento ecológico que tivesse a participação da comunidade, das lideranças, da prefeitura e dos órgãos ambientais no processo. A ideia dessa cartilha era trazer uma reflexão crítica, com a linguagem dos comunitários, e que pudesse alinhar alguns entendimentos: sobre a necessidade de tratar as águas cinzas, sobre sumidouros contaminarem o ambiente e sobre a importância de utilizar tecnologias de saneamento ecológico, de acordo com cada contexto local.

A perspectiva era que a cartilha não fosse apenas para comunidade caiçara da Praia do Sono, mas para as comunidades do entorno, e para isso deveria haver a participação de todos os envolvidos.

Essa cartilha foi feita no segundo momento de construção nas casas e foi validada com todos, especialmente representantes da comunidade, com alteração das palavras, das frases, com a construção de imagens e utilização de fotos para tentar traduzir ao máximo essa linguagem. Vocês podem inclusive verificar o guia lançado nesse endereço digital: https://issuu.com/otss/docs/v5_finalsiteotss_cartilha_saneament.

Um outro ponto de inflexão foi a relevância de nós, equipe técnica, sairmos da crítica de que os comunitários não cuidavam dos sistemas de saneamento construídos, porque inclusive na cidade delegamos esse cuidado à prefeitura, pagando pelo serviço e não nos preocupando como será feito o descarte de resíduos de lixo e do esgoto.

E, a partir desse prisma, eu te pergunto: você sabe da onde vem a água que você utiliza na sua casa? Você sabe para onde vai o esgoto e como ele é tratado? Você cuida do seu lixo separando resíduo orgânico e inorgânico? Você sabe qual o caminho de cada um desses resíduos, participando ativamente na reciclagem ou no destino adequado deles?

Quando atuamos em certos processos, é importante fazer essa autorreferência e compreender como cuidamos do nosso entorno, da nossa casa e do território que habitamos, no meu caso, no meio urbano. Assim, podemos repensar e conversar para compreender como também pode ser cuidado, por exemplo, no meio rural. Cabe ressaltar que em Paraty ainda não há estação de tratamento de esgoto. Ou seja, essa situação ainda precisa ser cuidada no meio urbano.

A situação e os desafios que atravessamos juntos com a comunidade e com a prefeitura, com o Fórum de Comunidades Tradicionais, Fiocruz, Funasa, órgãos ambientais e atores locais, são desafios inerentes a todo aquele território, àquela comunidade e ao contexto rural que temos no Brasil.

É interessante contextualizar essa questão, pois enquanto estávamos aprendendo isso no contexto local, discutindo com todos e pensando em caminhos, ainda não havia uma política de saneamento rural. Mas enquanto falávamos de todos esses desafios, vinha sendo construído pela Funasa, em cooperação com a Universidade Federal de Minas Gerais, uma política pública em forma de documentos, que traz muitas orientações alinhadas com os aprendizados que tivemos em campo: o PNSR (Programa Nacional de Saneamento Rural), lançado em janeiro de 2020 como PSBR (Programa Saneamento Brasil Rural) (ZANKUL et. al, 2021).

Em meio a isso, quando estávamos imersos em todas essas compreensões e percepções, o ambiente externo nos convidou a parar, sentar e respirar. Junto aos desafios e diálogos com os diversos atores locais, uma outra externalidade acontecia, que foi o momento político de impeachment presidencial e de congelamento de muitas verbas públicas. No nosso caso, a transferência de uma das parcelas para a execução do projeto.

Todo processo fez com que o Observatório precisasse focar apenas nas suas atividades-fim e passasse por um enxugamento da equipe. O que isso quer dizer é que praticamente dois terços da equipe precisou ser demitida e a equipe que ficou precisou ter a sua bolsa de pesquisa reduzida, para que conseguíssemos manter as atividades do projeto e cuidar dos objetivos, das metas, das comunidades – que é o objetivo fim, e das pessoas que participavam do projeto. Deve dar para imaginar o quanto foi complexo esse movimento de falta de verba e redução de equipe, com muita dor para todos os envolvidos, tanto para coordenação do projeto quanto para os pesquisadores e para as comunidades que atuavam conjuntamente, seja na Praia do Sono, seja naquelas relacionadas aos demais projetos.

Isto é, quando os projetos de saneamento ecológico, da educação diferenciada, da agroecologia, de incubação social e de fortalecimento do fórum de comunidades tradicionais estavam nos seus momentos de execução e aproximação das comunidades, precisamos nos afastar para cuidar do mínimo e dos processos administrativos, inclusive para os próximos passos. Ou seja, nesse contexto em que a comunidade começa a se aproximar e compreender o projeto, foi o momento em que foi necessário o afastamento, inclusive para conseguir manter o projeto.

Eu falo isso, inclusive porque esse também é um dos grandes gargalos quando estamos atuando com projetos sociais, que é a dificuldade de correlacionar todos os fatores: execução financeira, cuidado com a equipe interna, protagonismo das comunidades, comunicação com todos os atores e articulação em muitas camadas. Ficou muito claro, como vocês vão ver à frente, o quanto os conflitos se ampliaram nesta etapa, a partir de contextos desafiadores e da falta de comunicação em alguns momentos do projeto.

Apresentação da ação em espiral

Após a finalização do módulo da escola, em maio de 2015, realizou-se a oficina de discussão junto à comunidade, na qual foram discutidos os próximos passos para a implantação do saneamento ecológico nas casas. Durante a oficina foram apresentados os dados financeiros da construção do primeiro módulo na escola, para ter uma transparência com relação aos custos. Após a apresentação dos dados, os pesquisadores tiveram o retorno da comunidade e discutiram coletivamente as mudanças a serem realizadas no projeto, validando conjuntamente como seriam os próximos passos por meio de consenso.

Depois da discussão com a comunidade, foi escolhido um projeto de um tanque de evapotranspiração (TEvap) com bioconstrução, como será detalhado abaixo. Essa mudança intencionou reduzir o custo de construção das paredes do tanque e tornar a tecnologia mais provável de ser incorporada pela comunidade. O uso de círculos de banana como uma tecnologia para o tratamento de águas cinzas foi escolhido.

Resultados

Em relação ao TEvap, decidiu-se pela substituição de tijolos na câmara interna biodigestora por pneus em série, minimizando custos e reutilizando resíduos como material construtivo, mantendo a qualidade do sistema (Figura 10).

Também se decidiu por elaborar um projeto de TEvap com sua estrutura de paredes constituída por prática construtiva de superadobe, advinda da permacultura. O principal conceito da bioconstrução é utilizar os materiais do próprio local, adaptando a tecnologia ao território. Seguindo este conceito, a terra argilosa ou arenosa escavada do local onde seria implantado era reutilizada para construção de paredes e substituição da alvenaria. A essa tecnologia de construção dá-se os nomes de hiperadobe e superadobe, dependendo do tipo de saco utilizado. A técnica consiste no preenchimento e compactação de sacos específicos para esta finalidade, cortados previamente de uma bobina de saco, com o material sólido pertencente ao território, com o qual construíram as paredes do sistema. Esta terra pode ser hidratada e estabilizada com uma proporção de cimento ou cal, dependendo do tipo de terra encontrada no local, proporcionando uma impermeabilização do sistema (MOLLISON; SLAY, 1994). Abaixo, na Figura 9, pode ser visualizado o método construtivo de superadobe no croqui:

Figura 9: Croqui do método construtivo do superadobe.

Fonte: Acervo OTSS.

No passo a passo apresentado deve-se: 1) escavar o local da fossa; 2) estabilizar a terra removida com 3-10% de cimento e pouca água; 3) cortar a medida de saco específico tramado para bioconstrução, 4) preencher as linhas dos sacos, formando as paredes, com arame farpado entre dada linha e 5) compactar as linhas.

Seguindo este conceito, a terra argilosa ou arenosa escavada do local para instalação do sistema de tratamento passou a ser reutilizada para construção de paredes e substituição da alvenaria.

O dimensionamento do TEvap também teve de ser alterado. Por conta das paredes serem de bioconstrução, ele passou a ser construído em formato elíptico nas proporções de 2,5 metros de largura, por 5,5 metros de comprimento. A partir de uma mistura com cimento para estabilização do material, foram construídas as fossas, que posteriormente foram impermeabilizadas com chapisco interno de cimento e impermeabilizante, como pode ser visualizado na Figura 10:

Figura 10: Corte perspectivado do esquema construtivo da TEvap Elíptica.

Fonte: Acervo OTSS.

A figura 10 também retrata a mudança na câmara digestora, com a alteração de tijolos por pneus. Assim, fecha-se também o ciclo na utilização dos materiais, transformando resíduos em fonte de matéria-prima, com redução de custos e de tempo.

As águas cinzas:

Outro ponto solicitado por comunitários na reunião foi pensar uma solução simples e barata para tratar as águas cinzas separadamente e discutiu-se sobre incluir duas possibilidades: círculo de bananeira e filtro de águas cinzas.

A segunda versão do projeto consistiu então em sistema para tratamento das águas de sanitário e cinzas paralelamente com: i) caixa de gordura, para o esgoto proveniente do ramal da cozinha, ii) TEvap de superadobe que recebe o esgoto proveniente das águas de sanitário e iii) círculos de bananeiras com filtro de brita, que receberá o esgoto das águas cinzas, com caixa de gordura, para as águas cinzas da cozinha.

O círculo de bananeiras é uma técnica de disposição e tratamento oriunda da permacultura para aproveitamento das águas cinzas e dos nutrientes por meio do plantio de bananeiras. O sistema consiste em uma vala de infiltração côncava, de formato cilíndrico, preenchida com camada de brita, seguida de diversas camadas de galhos, folhas e detritos naturais, onde atuam microorganismos facultativos e anaeróbios, responsáveis pela estabilização da materia orgânica, seguido do canteiro artificial de solo, destinado ao tratamento e à disposição final de esgoto, onde se permite a infiltração, a evapotranspiração da parte líquida do esgoto, o reaproveitamento da matéria orgânica residual e a recarga do lençol freático (VIEIRA, 2006).

Para receber este tipo de efluente, o processo de montagem pode ser feito com matérias-primas da região, exceto a tubulação (SANTANA, 2014; VIEIRA, 2006; TEIXEIRA, 2011; CASTAGNA; PAES, 2014). Abaixo pode ser visualizado o esquema demonstrativo (figura 11).

Figura 11: Esquema demonstrativo do círculo de bananeiras

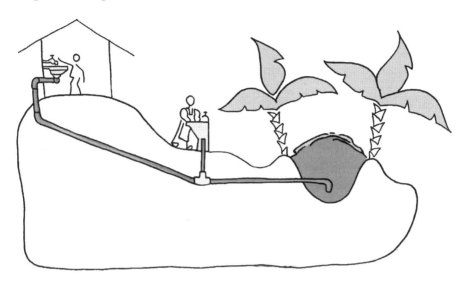

Fonte: Acervo OTSS.

A partir da capacitação de construtores como multiplicadores da tecnologia social e da troca de saberes constante com a comunidade e com os diversos atores envolvidos, pode-se perceber uma mudança psicossocial na inteligência ecológica de todos e na sua cultura hídrica:

> "Agora eu tenho vergonha de jogar meu esgoto no buraco, porque sei que posso fazer diferente" (ALOISIO).

E enquanto detentores do conhecimento para construção da tecnologia, os comunitários/construtores demonstraram saber construir por si mesmos, percebendo a relevância de um serviço para benefício da comunidade ser realizado por ela mesma.

> "E outra coisa, né, cara! Está despoluindo o rio, né, cara! Que é pô! Quantas vezes já não comemos robalo e pescamos da Barra mesmo, hoje ninguém pega mais porque já estragaram a cachoeira,..." (JORGE)

> "O legal também foi que a gente aprendeu esse negócio aí, né!" (CARLOS)

> "E agora a gente pode fazer outras fossas, né?" (ROBERTO)

Assim, os próprios construtores e os representantes da associação se percebem orgulhosos de todo o processo construtivo, também valorizado no roteiro de turismo da comunidade. Como percebido pelos comunitários, a instalação dos módulos de evapotranspiração impactou o turismo na Praia do Sono, pois os módulos entraram no roteiro do turismo de base comunitária local, se tornando como um dos pontos importantes de visitação, com explicação dos próprios comunitários sobre o processo em si e seu vínculo com o histórico de luta e resistência da comunidade.

Outro ponto a ser ressaltado são os ganhos indiretos, como a replicação da tecnologia do TEvap em outras localidades, por iniciativa pública e/ou privada: em um quiosque e uma pousada da praia da Jabaquara (Paraty), em restaurante em Trindade (Paraty), cujo projeto estava em elaboração, e principalmente num *camping* na própria Praia do Sono, onde a família proprietária contratou um dos construtores capacitados para implementar um sistema.

Na primeira etapa das casas, devido aos ruídos na inauguração do módulo da escola, a PMP não apoiou financeiramente a execução dos módulos, sendo, contudo, proativa e prestativa no licenciamento e no diálogo com o OTSS.

Um aprendizado foi que o tempo de execução das paredes com superadobe é maior do que o de alvenaria de tijolos. Este aumento de custo com mão de obra deve ser levado em consideração ao avaliar a melhor solução em projetos de saneamento ecológico. Com os atrasos nas obras e o afastamento da comunidade durante as obras, muitas críticas foram feitas. Esse foi um momento de marcar muitas reuniões para ouvir essas críticas e fazer as mudanças necessárias.

Como alternativa à limitação de recursos e estratégia de envolvimento comunitário, uma possibilidade seria executar a bioconstrução com mutirões, junto com partilhas de saneamento. Esta é uma ótima maneira de mobilizar comunidades e pessoas engajadas que queiram construir seus sistemas sem gastar com a contratação de mão de obra. Entretanto, para se pensar na tecnologia de construção social, territorializada, deve-se considerar o contexto local – ambiental, econômico, social, cultural e, principalmente, o interesse real das pessoas em participar, construir e aprender. E, no caso da Praia do Sono, essa forma, por mutirão, já foi pensada por um comunitário e passou a ser implementada pelo OTSS em vários projetos; com assessoria e participação tanto das comunidades quanto dos técnicos, fazendo de uma forma mais inclusiva e colaborativa.

RIO DA BARRA NA COMUNIDADE CAIÇARA DA PRAIA DO SONO, PARATY/RJ
FOTO: EDUARDO NAPOLI

11.
DESDOBRAMENTO NAS CASAS

"Você viver com a natureza, você se deparar que você... você vai comer o que você quer, sabe? Pegar da natureza, né, e coisa. Enquanto você tá na cidade, você depende de tudo de você comprar, você depende de dinheiro, você não sabe nem o que você tá comendo, comprando."

(RAFAEL)

"Uma comunidade de resistência que está em um processo de adaptação da realidade que a gente está vivendo hoje."

(MILENA) (MACHADO, 2019, p. 259)

Retomando os desafios, em especial no campo financeiro e de participação social, o interessante é que não ter recursos fez com que a gente se aproximasse mais, pudesse compreender as fragilidades e vulnerabilidades de cada um dos envolvidos e focasse no que era importante para conseguir cuidar das atividades, dos diversos projetos e ações junto às comunidades tradicionais do território.

As obras aconteciam e conseguimos fazer uma avaliação coletiva com os construtores e com as comunidades. E foi o momento de parar e explicar que não seria possível já dar continuidade à construção dos outros módulos. A partir desta informação, a comunidade e os construtores não acreditavam que voltaríamos às obras, mesmo esclarecendo que precisávamos aguardar e que faríamos a adequação dos processos. Neste contexto de adversidades, vi o Ticote "tomando a dianteira" e explicando para ambos a importância dos tempos dos trâmites burocráticos e que as coisas não aconteciam no tempo que a gente queria, mas demandavam procedimentos administrativos para fazer as coisas acontecerem e a obra continuar.

Essa é a beleza da ecologia de saberes. Pois da mesma forma que eu aprendi com o Ticote a pegar numa enxada e botar a mão na massa, ele também compreendeu junto comigo a dificuldade para executar a verba pública e para fazer os processos acontecerem frente às questões administrativas.

Esse foi um grande ponto de virada, quando a gente parou de apresentar dados do projeto e passou a coletar as vozes da comunidade, para compreender como as coisas estavam e dialogar em rodas de conversa, fosse com duas, três ou muitas pessoas envolvidas. Um outro divisor de águas, para mim, foi não chegar com uma apresentação em *PowerPoint* pronta e falar sobre o projeto mas estar sentado com o Ticote do meu lado, junto com a comunidade.

Inicialmente, eu, como engenheiro e pesquisador, muitas vezes já chegava com informações digeridas e ficava em pé apresentando o projeto. Só o fato de mudar essa minha postura, fazia com que houvesse mais espaço para comunidade fazer perguntas, tirar dúvidas, fazer as críticas – que, aliás, sempre foram muito pertinentes – e participar. Tanto Ticote quanto os construtores estavam envolvidos nas rodas de conversa.

Cabe ressaltar que o Jadson, que era presidente da Associação de Moradores (AmaSono) e também atuava no projeto, foi desligado do Observatório e mesmo assim continuou atuando na mobilização social, participando das reuniões, explicando o projeto e sendo ativo ao longo de todo o processo. Inclusive, recebendo críticas da comunidade, da prefeitura e se mantendo leal ao que ele acreditava, que era trazer o saneamento tanto para Praia do Sono, sua comunidade, quanto para as comunidades tradicionais de Paraty, Angra dos Reis e Ubatuba.

Esse foi um momento árduo e difícil para todos, em que precisamos realizar muitas reuniões, diálogos, interlocuções e aguardar que a verba estivesse disponível para que déssemos continuidade às ações. Nesta conjuntura de redesenho, houve uma mudança na equipe. O arquiteto Thiago, que era permacultor, alçou novos voos, passando a atuar como gestor no Instituto de Permacultura do Cerrado e, com sua saída, uma nova arquiteta, que já estava no projeto, entrou, trazendo outras contribuições relevantes para organização da nova etapa de obras.

Em meio a tanta complexidade, foi quando eu pude começar a fazer as entrevistas do meu doutorado junto com as lideranças comunitárias e atores locais. Eu até tentei fazer com resistentes ativos do projeto, mas eles optaram por não participar das entrevistas – o que foi para mim uma grande perda, pois as vozes de reclamação, resistência e incômodo são muito importantes, inclusive para poder compreender o que acontece no território.

Falando em reclamação e resistência, em uma das nossas idas à Praia do Sono, quando estávamos tentando resolver um módulo construído na encosta que deu errado, fomos chamados por cerca de dez comunitários barqueiros para que explicássemos o que estava acontecendo, como pretendíamos cuidar dos problemas construtivos e se as obras acabariam sem atender as casas que tinham sido selecionadas junto aos comunitários previamente. Esse foi um momento extremamente delicado: a cobrança coletiva. E eu trago aqui como exemplo, pois se repetiu de diversas formas, com várias pessoas diferentes.

Eu lembro do sol quente, da gente – no caso eu, o Ticote, o Fábio (coordenador do Núcleo de Transição Tecnológica) – sentar no banco com eles e parar para ouvi-los e responder com sinceridade a cada questão, inclusive falando dos problemas e de que forma estávamos atuando para resolvê-los. Eram muitas críticas e reclamações sobre o processo. E o fato de a gente estar de "peito aberto" para conversar parecia fazer uma grande diferença. Lembro que foi naquele exato momento que a gente falou da importância da participação dos barqueiros, de trazerem suas críticas e vozes participando das reuniões coletivas. A partir dali, pelo menos um dos barqueiros sempre esteve presente nas reuniões coletivas e em muitas reuniões estavam alguns deles.

> **Elas e nós percebemos a relevância de fazer as ações com quem acreditava no projeto e tinha interesse tanto em participar quanto em colocar a mão na massa e dialogar sobre as ações de saneamento ecológico para dentro e fora da comunidade.**

O fato de trazer o resistente ativo para perto faz uma grande diferença e a gente fala disso no Dragon Dreaming, que é poder ouvir exatamente aquelas pessoas que criticam o projeto e o processo, porque são elas que podem trazer os gargalos e o que é necessário mudar.

Ouvir as lideranças comunitárias e tudo que elas trouxeram sobre a dor da comunidade e sua luta para permanecer existindo e resistindo naquele território – o que foi recorrente nas narrativas das entrevistas –, me trouxe muita compreensão de cada uma das conversas que a gente teve. Elas e nós percebemos a relevância de fazer as ações com quem acreditava no projeto e tinha interesse tanto em participar quanto em colocar a mão na massa e dialogar sobre as ações de saneamento ecológico para dentro e fora da comunidade. Lembro inclusive da fala de uma liderança muito engajada, dizendo que era importante fazer com quem se importasse. Esse foi um grande ponto de inflexão para mim (e eu falo sobre ele de novo porque realmente me transformou): o quanto é relevante e importante essa vontade interna de cada um dos envolvidos para as coisas irem para frente nas comunidades e nas prefeituras.

Diante disso, a gente começou a mudar a nossa lógica, inclusive pela falta de verba. Começamos a dialogar com outros atores que também queriam construir saneamento ecológico no território. Pudemos mudar um pouco a dinâmica e apoiar com assistência técnica e com materiais de intervenções de saneamento ecológico junto aos atores locais, especialmente a Área de Proteção Ambiental com o ICMBio, fazendo ações de saneamento ecológico na Ilha do Cedro, e com os caiçaras que queriam adequar os seus empreendimentos. No mais, considerando o momento de escassez de recursos, focamos nos mutirões. Construímos filtros de água cinza junto com os comunitários da Ilha do Cedro e fizemos oficinas construtivas, podendo expandir a atuação da equipe em outras comunidades. Um outro ponto muito interessante foi construir sistemas de saneamento ecológico por mutirão no Pouso da Cajaíba, por intermédio do Ticote, com mulheres construindo tanque de evapotranspiração e filtro de água cinza, numa parceria do Observatório com o IPECA.

Essa mudança interna fez com que a gente pudesse compreender ainda mais a relevância do saneamento ecológico como um processo educativo, de mobilização e fortalecimento, não só da comunidade, mas muito mais dos atores locais, como o poder público e os órgãos ambientais, para que eles pudessem se posicionar junto aos comunitários para construir ações coletivas. E todo esse processo de falta de recursos, que no início parecia um entrave, foi, para nós, como a equipe técnica, um momento de respiro, reflexão e redesenho. Todo esse processo foi importante para podermos ouvir a comunidade melhor e compreender as mudanças que precisávamos fazer nos trâmites e nos processos.

Junto à comunidade caiçara da Praia do Sono, validamos que as contratações agora seriam por empreitada, com pagamento após o término de cada módulo. Também decidimos que o processo de contratação seria com indicação da comunidade, com entrevistas e critérios definidos em conjunto com os comunitários. Assim, a partir dos critérios estabelecidos coletivamente, pudemos readequar a equipe, mantendo 70% dos membros que já tinham participado das construções nas casas e alterando dois deles por má condução no processo.

Fundamentados em todas as críticas e desafios, passamos a tomar todas as decisões em consonância com a comunidade, fazendo avaliações coletivas com "que bom!", "que pena!" e "que tal?", a partir da metodologia do Dragon Dreaming, para definir percursos e estratégias, baseado nas dificuldades que encontrávamos e nos incômodos da comunidade. Depois disso, da nova forma de contratação estabelecida, ainda retomamos o contato com a prefeitura, que passou a caminhar conosco novamente e apoiar o projeto, inclusive financeiramente, para a finalização das obras. Com isso, tivemos uma nova motivação para construir e finalizar todos os módulos que estavam acordados com a comunidade, com a Funasa e com os diversos atores locais.

Não que tenha sido fácil. Todos os desafios continuaram. Tivemos diversos questionamentos, muitos aprendizados e a questão com o volume de água gerado por não fechar a torneira ainda como um grande desafio na construção dos sistemas de tratamento de águas cinzas, na operação e na manutenção deles pelos comunitários.

E, ao longo desse processo, houve uma compreensão de que tanto os pesquisadores quanto a prefeitura e comunitários tinham expectativas demais em relação ao projeto, de modo que alguns ficaram frustrados, pois sentiram que os resultados eram menores do que o esperado. Outros continuaram engajados, especialmente os que já davam importância à promoção da saúde, como agente de saúde, ou à questão do saneamento e do cuidado com a natureza e com o ambiente. Além disso, os resultados e os impactos do saneamento ecológico, do projeto, foram sentidos e muito valorizados pelos atores locais e por pessoas do entorno, de outras regiões, mais do que as pessoas que estavam presentes dentro do processo. Essas viam mais as dificuldades e os desafios do que o que já estava sendo construído, sendo eu uma dessas pessoas. É interessante e importante compreender as expectativas, os sonhos e alinhar as ações, sempre valorizando o que foi feito e fazendo as mudanças no caminho, como Dionne (2007) aponta na metodologia da pesquisa-ação, pois desta forma promove um grande aprendizado para os envolvidos que se mantêm engajados e presentes nos processos de discussão. Até porque as pessoas também podem se perder muito na resolução dos processos e dos conflitos e se desmotivarem, não parando para valorizar o que já foi feito. Tem muito a ver com o famoso questionamento: "você vê o copo meio cheio ou meio vazio?" O que pude perceber é, que mesmo eu, muitas vezes vi o copo meio vazio, ainda que tivesse a compreensão do processo.

Cabe ressaltar que grande parte dos desafios que tínhamos com os comunitários puderam ser compreendidos nas entrevistas. Ao longo das narrativas/falas, eu pude compreender a relação dos comunitários com a sua cultura, com o turismo – e como este impactou e impacta positiva e negativamente a comunidade- –, e como a história de grilagem, de perda de direitos e de diversos conflitos com a Área de Proteção Ambiental (APA) – que comprometia a manutenção de certos hábitos e culturas de subsistência (como plantio, caça e pesca) – trouxeram muita resistência para ações que fossem propostas por agentes externos.

Além disso, as entrevistas denotaram como o rio da Barra tinha e tem uma importância identitária e cultural para a comunidade, enquanto local onde as crianças aprendem a nadar, onde acontecem os batismos da igreja e como membro ou parte da comunidade, um "rio vivo". Ainda, eu pude compreender como a defecação a céu aberto foi substituída pelos sumidouros, chamados como fossas, e como esse já era um processo de melhoria e de aprendizado da comunidade. Ademais, eu só pude entender por que as torneiras ficavam abertas, ao ouvir dos entrevistados que a água era captada inicialmente com estruturas de bambu, coletada do rio, passava próximo às casas e retornava ao rio. Ou seja, se antigamente a lavagem das roupas e dos utensílios de cozinha era feita no rio, com esse contato coletivo, por conseguinte, tendo uma outra história e contato com o rio; quando passa a vir encanada, mantém certos hábitos culturais adquiridos das outras gerações, mas também traz um afastamento físico e, posteriormente, simbólico, do rio. Percebi esse distanciamento nas entrevistas e pela observação participante na comunidade. Vale dizer que isso está muito presente nos nossos hábitos diários nas diversas comunidades, nos diversos territórios, especialmente no meio urbano, onde a gente se separa da natureza e do elemento água e não percebe a dimensão e o impacto das nossas ações no mundo.

Cabe salientar que o saneamento ecológico, como parte das soluções baseadas na natureza, é uma intervenção que busca reconectar o ser humano com a natureza, trazer fluxos que regeneram a natureza e restabelecem esses laços para gente poder se reconectar e cuidar desse entorno. Assim, ao passo que foi percebido esse afastamento representado pelo fato de deixar a torneira aberta, também foi compreendido e constatado um grande cuidado e preocupação com a natureza, com o entorno, com a comunidade e consigo mesmo. Para mim, esse é um espelho da dificuldade e dos entraves que a gente tem para conduzir atividades de saneamento em qualquer esfera: quando temos que (re)sensibilizar as pessoas para que compreendam o espaço delas e como elas ocupam esse lugar no mundo e os impactos que causam ao próprio território, especialmente no meio rural, onde as intervenções precisam ser pensadas e realizadas de uma forma diferente, tanto com participação do poder público (nos âmbitos municipal, estadual e federal) como das comunidades, populações, a partir de cada pessoa do local.

Essa é uma temática que eu tenho refletido muito, que é a relevância da gente compreender a cultura hídrica de uma comunidade, de um território, que remete à compreensão de como era sua relação com a água anteriormente e como ela se manifesta agora. Isto envolve investigar como a comunidade percebe a qualidade dessa água, se a considera potável ou não, se identifica escassez (não apenas em quantidade de água bruta, mas escassez de água de qualidade), para, com base nesse entendimento, tanto na perspectiva da comunidade quanto do poder público municipal, pensar possibilidades e caminhos para uma construção coletiva.

> **Isso consiste em viver junto, em "colocar o sapato do outro" e poder pensar junto sobre as situações, os conflitos e os caminhos.**

Também é importante compreender a cultura da comunidade para resolver problemas, como é o senso de comum, qual é a percepção daquela comunidade de comum, como cuidam normalmente das questões coletivas, e, diante disso, poder pensar caminhos que cuidem da comunidade de uma forma sistematizada, mas que se adequem às questões territoriais. Esse é um tremendo desafio para que possamos implementar não só o saneamento ecológico de uma forma inclusiva e adequada em cada território, mas qualquer outro tipo de soluções baseadas na natureza.

Falando em cultura, mestre Miguel de Simoni aponta que "ir para ver, ir para viver e ir para ver com os olhos dos outros". Isso consiste em viver junto, em "colocar o sapato do outro" e poder pensar junto sobre as situações, os conflitos e os caminhos. É por isso que foi necessário ir para o campo, viver com aquelas pessoas e com o território e compreender a Praia do Sono pelos olhos dos outros, no caso dos comunitários, para que esta pesquisa acontecesse no coletivo para o coletivo.

Para mim, um grande aprendizado foi a minha relação com o Ticote e com Jadson, como que a gente pôde conversar sobre os processos, fazer amizade e celebrar muitos dos momentos que tivemos juntos, fossem os passos dados ou os problemas resolvidos. Dois momentos, em especial, foram memoráveis. Um deles foi um Dia dos Namorados em que eu me vi na Praia do Sono sozinho enquanto eu namorava. A escolha foi de estar com o Jadson e o Ticote, falando de trabalho e fazendo uma fogueira junto. A Josi, esposa do Jadson, estava lá com a gente, fazendo um jantar romântico com churrasco na fogueira e nos convidando para estar com eles, nos divertir e aproveitar a noite uns com os outros, e eu e Ticote "de vela". São nesses momentos em que a gente se percebe juntos, que se pode fazer diferente. Nesses pequenos e singelos momentos de construção afetiva de relação que muitas das nossas trocas se deram.

Um outro momento bem singular. Eu tenho medo de várias coisas, uma delas é do escuro. Eu lembro de uma das reuniões em que estávamos na comunidade, acompanhando a obra e a bateria do meu celular estava acabando. De repente, o vento mudou, a maré subiu e já não dava mais para sair de barco às 5 horas da tarde. Estava eu, pensando que tinha uma reunião em Paraty de manhã e que era importante voltar, mas sem barco para fazer o caminho, sem bateria para ligar a lanterna na trilha e tomando a decisão sobre o que fazer. Foi interessante que me vi naquele momento escolhendo enfrentar o meu medo e fazer trilha, embora não soubesse como seria e mesmo ouvindo dos caiçaras, muitas vezes brincando comigo, que havia onça na Reserva Ecológica da Juatinga. O próprio Jadson falou que era melhor eu não fazer a trilha e ficar lá à noite e sair de manhã cedo, mas me vi irredutível.

Enquanto eu caminhava pela trilha, me perguntava: por que estou fazendo isso? E não entendi muito bem o porquê. A trilha demora mais ou menos uns 45 minutos para mim, que não vou tão rápido. Nos primeiros 15 minutos, ainda tinha claridade. Nesses primeiros quinze minutos, me deparei com diversos dos meus medos: o que poderia acontecer comigo, se eu cruzaria com alguma cobra, um animal, se teria algum problema com alguma pessoa pelo caminho, questões espirituais, diversos dilemas me atravessavam. Enquanto havia sol, ao invés de aproveitar o pôr do sol e a beleza da trilha que é incrível, eu me perdia no medo e na insegurança com a preocupação do futuro, do que poderia acontecer. E foi exatamente quando a luz acabou e eu não tinha a menor bateria no celular e não tinha o que fazer, que a calma se fez no meu ser. Não havia nada o que fazer, eu só podia ir para frente ou para trás. Aí pude começar a estar mais conectado com a minha respiração, com os passos no chão e com a trilha que fazia e que estava cheia de lama, inclusive para não cair e chegar todo sujo. E é claro que, em algum momento, eu derrapei e enfiei meu pé na lama e fiquei com a calça toda suja, inclusive para pegar o ônibus. Nesse momento dei uma grande risada e percebi o ridículo dos nossos medos e o quanto eu podia aproveitar aquele momento.

Fiquei pensando sobre quantas vezes a gente tenta se proteger de algo, quando o impacto não é tão grande quanto se imagina, e a relevância de a gente simplesmente se entregar para o processo e poder seguir um caminho que é desconhecido. Foi interessante porque eu alternava entre aproveitar muito o escuro e o caminho e ficar preocupado. E entre os passos que eu dava, volta e meia encontrava alguém com uma lanterna indo para o Sono, enquanto eu ia para Paraty. Cada momento que eu encontrava alguém e dava boa-noite, podia escolher voltar, estar com luz e não ter problemas com escuro, mas não fazia sentido. E assim, eu segui caminhando e aproveitando, até que ouvi um barulho na mata. Algum animal me acompanhava e, obviamente, na minha cabeça já vi uma onça completamente desenhada. Eu pensei: será que corro ou sigo caminhando? O sentimento que me invadiu foi: se eu correr, vai parecer que estou fugindo e com medo. Foi então que comecei a bater o pé, fazer barulho e dar uns gritos para mostrar que estava presente. Depois de um tempo, senti o barulho se afastando, o animal se afastando, e provavelmente, ou obviamente, não era uma onça.

Cada passo me trazia diversas reflexões, sendo que muitas delas eu não estou trazendo aqui. Todo esse processo levou trinta minutos no escuro, atento no espaço, aos meus pensamentos, aos meus sentimentos e, especialmente, com aprendizados. Compreendendo os desafios na prática dos caiçaras, de terem que se deslocar muitas vezes à noite, doentes, precisando voltar para cidade para serem atendidos e não tendo como fazer isso. É extremamente importante que a gente possa "calçar o sapato do outro" para compreender melhor como aquela pessoa se sente.

Eu estou falando apenas de uma situação, entre tantas outras. Com cinco anos de convivência, pude compreender bastante sobre o modo de vida, a forma de bem viver e as dores. Mas, mesmo assim, eu continuo sendo um aprendiz e alguém que pode de alguma forma tentar compreender, mas nunca de fato ocupar aquele lugar ou saber qual é a melhor forma de cuidar daquelas pessoas, daquele território, daquela comunidade. Este lugar de humildade, de se ver como aprendiz e de permanecer ouvindo, é extremamente importante em qualquer projeto, principalmente quando estamos atuando com comunidades tradicionais, populações vulneráveis, áreas rurais, tentando compreender a cultura das pessoas. Entretanto, isso também é indispensável nas organizações, nas empresas, ou no meio urbano, onde seja necessário compreender a cultura do outro para chegar no meio do caminho.

No meio de tudo isso, retomando a descrição do percurso do projeto, as obras continuavam, com a nova arquiteta presente, acompanhando, e com novas trocas. Em todo esse processo, mesmo atuando de forma diferente, com termo de recebimento dos comunitários, que delimitava as responsabilidades de cada um, atuando por empreitada, dialogando com a comunidade, ainda assim havia muitos desafios.

Com relação à equipe técnica, muitas vezes havia uma dificuldade de escuta e de tradução com relação ao que a comunidade considerava pertinente e o que nós também considerávamos importante. Muitas vezes eu percebia essa falta de paciência e de diálogo para com a comunidade e precisava me colocar no lugar de escuta, de comunicação e compreensão da dificuldade de diálogo de ambas as partes, tanto da equipe técnica como da comunidade.

Enquanto isso, os processos de obra também contaram com imprevistos, além de chuvas frequentes, nos momentos de cavar encontrávamos diversas pedras. E tínhamos a pergunta: o que fazer com essas pedras, quebrar ou contornar? Em um dos casos, encontramos uma pedra tão grande que precisamos de ajuda para resolver a situação e continuar o processo construtivo. As pedras em si também são boas metáforas para se pensar o que fazemos quando encontramos pedras na nossa frente, se cuidamos daquela situação, se tentamos chutar ou contornar. Representa como lidamos com desafios que atraímos para o nosso campo, seja numa atuação coletiva e social, seja na nossa vida pessoal.

E eu paro para te perguntar: quando você encontra pedras no caminho, você tende a brigar com elas e com desafios ou você tenta resolver a situação e contornar?

Dentro da perspectiva de saneamento ecológico, de SBN, essa analogia das pedras no caminho me remete a um vídeo que eu vi do Bruce Lee, em que ele falava da sabedoria de ser como a água. A água possui a sabedoria de contornar os obstáculos e encontrar os melhores caminhos para continuar o seu fluxo. E este é um ponto muito importante quando estamos atuando com projetos, sejam eles sociais ou não, que é ter a sabedoria da paciência, da comunicação, do diálogo, da compreensão dos melhores caminhos ou dos caminhos possíveis naquele exato momento.

Trata-se também da relevância de compreendermos os tempos do território e de cada ator local, pois diversos contratempos aconteceram devido às percepções de cada um, que mudavam ao longo do processo. E isso me traz a compreensão de que o próprio projeto trouxe muitos impactos para além da Praia do Sono (e até do saneamento), promovendo reflexão no município e em outras localidades, inclusive com uma comunidade de Cananéia (SP) nos procurando para nos visitar e aprender a construir da nossa forma. Este é apenas um exemplo, pois fomos procurados por muitos atores locais do entorno e de longe para compreenderem melhor o processo de diálogo, de participação social e a tecnologia em si.

O que pude perceber é que inúmeros processos de empoderamento e autonomia aconteceram de forma mais tangível para quem se interessou e escolheu participar do andamento e evolução do projeto. E eu pude discutir esse fato na minha tese de doutorado, a partir de algumas vozes, como essas abaixo, que trazem um pouco dessa sensação e dessa compreensão de quem esteve mais presente com a gente.

> "Porque sempre ficou conhecido como quem faz obra é a secretaria de obras. A prefeitura, por exemplo, e quem faz reuniões também são do poder público e tal. E a gente tem que sempre andar ou caminhar segundo a agenda deles. E aí, quando a gente cria a nossa agenda, cria o nosso modo de pensar, cria a nossa organização, né, o nosso enfrentamento e o nosso protagonismo disso, isso não tem preço. Isso dá muito mais estímulo, isso ajuda a pensar uma sociedade diferenciada, né? A pensar um novo modelo de sociedade que queremos, né, num modelo muito mais com amplitude das vidas – não só da vida humana, mas da vida de tudo que faz parte da natureza. Que nós fazemos parte também dela, né? É, isso nos deixa um grande legado. Pena que nós ainda somos um projeto, né? Nós não somos uma política. Acho que isso é o que nós temos que desenvolver passo a passo, né? E só com o empoderamento dessas

> lideranças que estão aí, né, desses movimentos sociais das comunidades tradicionais, e de uma sociedade igualitária, né, uma sociedade um pouco mais humana mesmo, a gente vai conseguir esses legados, esses resultados" (PEDRO)
>
> "Eu acho que essa adaptação ao solo, ao material disponível, ao conhecimento que os construtores têm, vai mesclando. E aí isso vai amalgamando a ação e dando a oportunidade de maior escala. Eu acho que é por aí mesmo. É o melhor do que a gente tiver do conhecimento técnico científico, com o melhor do saber prático das pessoas que conhecem o lugar, a água, o regime de chuvas, enfim... essas coisas todas" (JOÃO).

Inclusive, todo o processo construtivo gerou reflexão em diversos âmbitos, com os construtores sendo contratados por comunitários da comunidade para fazerem tanque de evapotranspiração num *camping*, com verba que foi obtida por rifa e por proatividade de uma família da comunidade. Outro ponto foram quiosques em Paraty que fizeram os sistemas de saneamento ecológico nas suas instalações, trazendo placas educativas para gerar reflexão crítica sobre o processo de saneamento. Ainda, na própria sede da APA Cairuçu, os técnicos construíram um tanque de evapotranspiração como projeto-piloto para demonstrar o processo para comunitários interessados, enquanto cuida de forma adequada do esgoto da sede.

> "A gente acabou de fazer uma lá no escritório. [...]. Todo esgoto tava lá na fossa séptica! E tava transbordando. Tava literalmente uma merda aquilo. E energeticamente a gente percebia que aquilo não tava legal. Então a gente matou a fossa séptica, jogou a tubulação pro tanque que foi feito, com grade de galinheiro, tela de galinheiro, com o pó do barro que tava lá, com cimento, oito pneus, com telhas que tavam velhas de lá, quebramos e jogamos tudo por cima, fizemos o sistema e tá lá" (JOÃO).

Um ponto de extrema relevância foi eu ter feito a minha tese de doutorado acompanhando o processo a partir da construção de um diário de bordo. E o interessante é que consegui terminar meu doutorado muito alinhado com o fechamento das intervenções pactuadas e validadas pela Funasa, com Fiocruz, comunidade e prefeitura.

Para mim, fazia muito sentido que na banca tivessem presentes representantes da comunidade, assim como os acadêmicos que normalmente ocupam esses espaços. Infelizmente, por mais que eu tenha tentado, naquele momento ainda não havia essa possibilidade no meu programa de doutorado. Mas, tanto o Jadson quanto o Ticote, representantes do projeto, pessoas que se engajaram e lutaram para que o processo acontecesse e que fizeram parte ao longo de cada etapa, puderam estar presentes e participar como meus amigos, vibrando junto comigo e celebrando a finalização daquele ciclo. Foi muito especial e bonito ter a presença deles presentes comigo na sala por aproximadamente três horas, ouvindo a banca e tendo singelos cinco minutos para falar. Eles falaram com tanta profundidade! E estavam felizes de estar lá comigo. Tem certas coisas que a gente não consegue colocar em palavras, uma delas é a amizade que eu desenvolvi com eles e o quanto cresci como pesquisador e pessoa ao longo de cada troca e de cada conversa.

E eu partilho essa situação com vocês, pois precisamos repensar as bancas acadêmicas. Ao atuar com projetos de pesquisa-ação, extensão e atuação comunitária, os comunitários precisam ser incluídos, podendo trazer suas vozes e contribuir com o processo. Na minha caminhada, em muitos dos artigos, estivemos juntos, com toda a equipe participando, cada um de sua forma: escrevendo, lendo, opinando, criticando, discutindo. Precisamos nos reinventar, para entender que não é só um pesquisador que é o autor de uma pesquisa-ação, mas todos os que participam dela. E é nesse sentido que eu agradeço a todos os envolvidos no processo, mas principalmente ao "Jad" e ao Ticote, que sempre estiveram do meu lado, para criticar, apoiar, cobrar e trocar.

Apresentação da ação em espiral

Voltando à narrativa da pesquisa-ação em saneamento ecológico na Praia do Sono, após a finalização dos quatro módulos nas casas, foi necessário muito diálogo para retomar o processo construtivo. Com relação às questões técnicas, muitos aprendizados trouxeram mudanças nos processos, especialmente com relação à instalação de módulos de tratamento para as águas cinzas.

No decorrer da pesquisa-ação, em alguns casos a tecnologia do círculo de bananeiras não se mostrou bem-sucedida para lidar com grandes fluxos das águas cinzas, situação agravada pelo alto índice de umidade e precipitação na região, o que fazia com que a água não penetrasse no solo com a velocidade necessária e ocasionasse poças de alagamento no local. A partir desta constatação, os técnicos do saneamento ecológico substituíram o círculo de bananeiras pelo filtro de tratamento de águas cinzas, desenvolvido no IPECA, e que consta na Fundação Banco do Brasil (FBB, 2018).

Outro ponto de alta relevância que pode ser constatado por meio de observação participante e das trocas efetivas com a comunidade, foi a vazão de águas cinzas muito maior do que a média conhecida. Isso ocorreu porque muitos registros não tinham fechamento da vazão, por ter mais de cinco pessoas por casa utilizando alguns banheiros, ou ainda pelo alto uso de máquinas de lavar em algumas casas, fosse pelas famílias ou para o turismo.

Em relação à organização e planejamento do sistema, para utilização de círculos de bananeira, é necessário ter mais de um círculo de bananeira por residência e os moradores devem participar da quantificação, do acompanhamento e da compreensão da tecnologia, para verificar se há necessidade de mais círculos de bananeiras, em função da vazão de cada casa. Isto é, o sistema é idealizado conforme o uso/consumo médio da residência informado pela família, o que também determina o limite para que a operação funcione adequadamente.

A instalação do filtro de águas cinzas foi uma das mudanças na realização dos seis módulos finais. O filtro de águas cinzas é composto, inicialmente, por caixa de gordura, que atende o ramal da pia da cozinha, e é seguido por três caixas preenchidas, respectivamente, por brita, areia e carvão, onde ocorre a filtragem dos efluentes.

Após a instalação dos primeiros filtros, já foram apontados problemas de funcionamento devido à falta de manutenção por parte dos moradores e ao expressivo aumento do fluxo de água em relação ao informado no início do projeto.

No caso dos filtros de água cinzas, percebeu-se que a tecnologia não foi bem recebida na comunidade pela maioria dos moradores, exatamente pela necessidade da manutenção periódica. Outro problema constatado é que, como não foi realizada manutenção e limpeza da caixa de gordura periodicamente, a gordura saturou o restante do sistema e grande parte dos moradores não se mobilizou para fazer o reparo, esperando que fosse realizada pela equipe do OTSS/Fiocruz. Por isso, continuamos dialogando com a comunidade sobre a importância da mobilização e da participação, apoiados pela Associação de Moradores Originários da Praia do Sono (AmaSono).

No entanto, diversos moradores optaram por desligar o sistema instalado, devido à necessidade de manutenção, mantendo apenas o sistema do TEvap para as águas de sanitário, por apenas apresentar a necessidade de manejo das bananeiras.

Devido ao fato de um dos moradores construir uma casa nova na única área possível de construir o sistema de saneamento ecológico, foi realizada uma discussão com a comunidade, que optou por fazer a última intervenção em uma instalação pública que serviria a todos, definindo a Associação de Moradores.

Os 11 módulos, compondo 22 tecnologias para tratamento das águas de sanitário e águas cinzas terminaram de serem construídos em novembro de 2018, com muitos aprendizados, desafios e críticas ao processo.

Considerações:

Há muita resistência por parte de alguns moradores que receberam o módulo de saneamento ecológico em compreender que a responsabilidade sobre a manutenção de seus sistemas é deles, não do OTSS. Os moradores devem garantir a limpeza e o bom uso do sistema, observando e seguindo as orientações passadas pela equipe técnica e dispostas no termo de recebimento assinado por cada um deles.

Mesmo consumindo as bananas produzidas pelo saneamento ecológico, muitos moradores não realizaram o manejo das bananeiras de seus tanques de evapotranspiração. A equipe técnica também foi informada que alguns moradores, nas primeiras dificuldades com manutenção dos módulos para tratamento das águas cinzas, não procuraram orientação com a equipe do projeto e simplesmente desligaram seus sistemas, voltando a despejar suas águas sobre o terreno.

> "Isso tem que ter trabalho, né? Não é só fazer e resolveu o problema, não. Tem... tem manutenção, né? Porque para tratar das águas cinzas, não tem assim uma receita de milagre. Tem soluções apropriadas para se fazer, mas todas elas requer manutenção e coisa. Então, acho que essas são uns dos desafios que tem que cuidar" (RAFAEL).

Estes exemplos denotam as dificuldades e os desafios na apropriação dos sistemas, exatamente por ser uma novidade e propor mudanças culturais. Esses desafios ocorrem mesmo com a população escolhendo receber as intervenções e participando na tomada de decisões.

Ainda assim, com o uso da PAIS como metodologia, pode-se compreender todo o processo de desenvolvimento do saneamento ecológico como uma metodologia educativa de conscientização, para todos os envolvidos, desde sua concepção até a sua construção, propiciando a construção de novos sentidos coletivos, para incluir as dores, necessidades, culturas e percepções de todos os envolvidos no processo; como pode ser observado a seguir:

> "Acho que a diferença, então, no total, foi a consciência, foi o despertar, foi o conhecimento. Foi a mudança da relação mesmo do morador com a água, com o tratamento da água" (JULIA).

> "É, a gente precisa muito também da prevenção em saúde, né? E, com isso aí, eu faço a ligação do saneamento, como se fala... saneamento básico. Só que o que a gente debate é saneamento ecológico, né, que é bem importante. Acho que o saneamento básico, o saneamento ecológico, é um capítulo à parte, que as cidades têm. E, principalmente, aqui tem que debater, tem que se empoderar desse capítulo, né, desse projeto tão importante que a gente vai ter que, né, se empoderar disso, mesmo assim. E lutar, né, pra que seja feita essas condições de... a gente tá construindo essa política tão importante que é através dessa tecnologia social. É uma forma muito mais humana de ser, né. E muito mais simples, né? Costumo falar de saneamento – a gente conhece como saneamento básico, né – aquele cano que pega todo esgoto, joga em algum lugar, e dizem que tratam, né? Dizem que trata. Enquanto que o nosso que a gente tá desenvolvendo aqui, vem as pessoas, né, conseguem olhar o que tá sendo feito, construir junto. Tem as reuniões, tem os exemplos, né, tem as experiências compartilhadas juntos, tem os pensamentos juntos... E aí, assim, e desde o início ao fim, né, pode ser acompanhado. Até porque são as comunidades que tão fazendo enquanto parceiros também, e com as parcerias nossa, né. E aí a gente pode se empoderar muito mais disso, né, e exigir que vire... que isso realmente se reproduza muito mais comunidades e muito mais residências aqui da comunidade, né? E que de fato isso seja uma regra, né, para com a prefeitura, por exemplo. Que é o poder público municipal, né? Que aqui a gente consiga obter esse êxito aí, de fazer 100% da comunidade um dia... quem sabe, né? Dentro desse projeto de educação de saneamento ecológico, que também é educação ambiental, educação ambiental, é... na prática. Acho que é isso que a gente tá fazendo" (PEDRO).

A participação comunitária variou ao longo do processo, como pude perceber a partir das entrevistas, com a interação de cada ator, por vezes sendo representativa, por vezes propiciando uma real cogestão com os atores mais presentes, como os pesquisadores comunitários. No entanto, inúmeros desafios também foram observados ao longo de todo o percurso, sendo um dos principais, a dificuldade de conseguir mobilizar todos os atores envolvidos no processo, devido à diversidade de visões e compreensões de mundo. Logo, pode-se perceber a importância de estruturar ações com foco na educação, na integração dos atores e na construção coletiva, da forma mais dialógica possível.

> "Muita gente não entende. Teve muita briga, teve muito desentendimento, por parte da comunidade. Por outro lado, tem lá um tanto de construtores que tão construindo e tão gostando do trabalho e tão aprendendo. Então eu acho que foi construído também pela comunidade, porque, além dos construtores... tudo bem que eles estão recebendo para isso, mas eles estão fazendo, eles também tão com a mão na massa. E para além dos construtores, têm as lideranças, que estavam o tempo todo junto, buscando trazer isso para dentro da comunidade" (MILENA).

Ainda, a utilização de metodologias colaborativas propiciou que os participantes/interessados pudessem contribuir e se perceber pertencentes no processo, o que foi de suma importância. Nesse contexto, coube envolver não só os comunitários, mas também os atores públicos e privados. Compreendi ao longo do processo que a pesquisa-ação extrapolava a questão educativa da comunidade e alcançava os diversos atores locais, inclusive a própria equipe técnica.

Um dos pontos a serem ressaltados é o fato de que no início do processo de discussão do projeto que apresentei, a PMP não discutia a temática do saneamento rural com profundidade. A partir das ações de mobilização social, a PMP se tornou parceira e apoiadora ativa. Assim, o diálogo horizontal promoveu um real envolvimento dos atores locais.

Sobre a relevância do projeto, pode-se perceber que ele foi um grande fomentador do tema na região e em outras localidades. Houve impactos diretos e indiretos do projeto, com construção de sistemas de saneamento ecológico inspirado pelas ações apresentadas aqui, em outras comunidades, em restaurantes e quiosques de Paraty, nas casas de atores locais, em sede de órgão público da região como protótipo demonstrativo e na própria comunidade, por representantes mais atuantes.

Com relação aos comunitários, mesmo os que criticaram, passaram a refletir sobre as formas de tratamento e como podem ser pensadas outras formas de cuidado do esgoto. Esse empoderamento pode ser verificado nos atores locais que também tinham poucos conhecimentos na área e principalmente nos pesquisadores.

> "Inclusive, quando as pessoas vêm e criticam a gente, é uma forma de participar, né? Isso é uma forma de ver, mesmo pra dizer que deu problema, que não gostou, que não achou legal no entendimento da pessoa. Mas isso também tem que ser compreendido pela gente, né? Isso é uma forma de participar" (PEDRO).

Nesse quesito constatou-se que o empoderamento aconteceu nos indivíduos que escolheram estar mais atuantes no projeto de forma ativa, que participaram, questionaram e construíram percepções, a partir da prática, como Paulo Freire aponta.

Por fim, o OTSS continua atuando no território e em contato com os atores locais e com a AmaSono para acompanhar o processo com seus constantes desafios e aprendizados com mudanças na sua atuação, voltando as ações de saneamento ecológico no campo da formação, como relatarei a seguir.

CRIANÇAS NA BEIRA DO RIO CARAPITANGA, PARATY/RJ
FOTO: EDUARDO NAPOLI

12.

FECHANDO O CICLO

> "E aí a gente fica aqui no nosso cantinho, sentindo esse cheiro bom de mar, da natureza, para quê dinheiro, cara? Porque se você tiver dinheiro, você vai querer ter o quê? Um pedacinho de terra. Nós temos isso."
> (LUIZA) (MACHADO, 2019, p. 259)

Eu brinco que o Observatório é uma incubadora de tecnologias sociais, mas também de pesquisadores sociais, pois baseado em todas essas trocas, eu, definitivamente, não sou o mesmo. No doutorado, pude contribuir com a minha tese. Para o território e a comunidade, além da contribuição do projeto de saneamento e todos seus desdobramentos, juntos construímos um guia/cartilha. Mas ainda faltava um texto em que eu pudesse falar da caminhada, dos percalços, dos desafios e das histórias de uma forma mais livre, que traduzisse em parte tudo o que atravessamos juntos. E aqui estou, com você que me lê agora, no meio de uma tarde chuvosa, escrevendo, em contato com as águas e lembrando quando eu decidi sair do projeto.

Tem momento na vida que a gente precisa compreender quando não cabemos mais no espaço, por mais transformador que ele seja. Com a finalização de tantos ciclos, recebemos o reconhecimento da força do projeto de saneamento ecológico com uma emenda parlamentar voltada para capacitação em promoção da saúde do Sistema Único de Saúde (SUS). Naquele momento, a coordenação compreendeu a relevância de pensar um curso de formação em tecnologias sociais com a abordagem de territórios sustentáveis e saudáveis voltado para profissionais do SUS (NINIS et al., 2021). Um baita desafio, mas envolvendo a compreensão de que o processo em si girava em torno da educação vinculada à construção e com os construtores como mobilizadores sociais e tutores no curso. Essa foi a nossa compreensão do processo. E, assim, começamos a nos organizar, conectando saneamento ecológico e educação.

Junto à chegada dessa emenda parlamentar, a Funasa nos procurou para fazer uma formação de Territórios Saudáveis e Sustentáveis e, juntos, construímos uma formação de uma semana para os técnicos da Funasa com esta temática. Foi muito interessante, pois durante a visita técnica que fizemos na Praia do Sono, no momento em que a gente podia repartir "os frutos colhidos" ao longo da jornada, eu novamente fui falar com o mar, perguntando se a minha jornada tinha terminado ali e a resposta que me veio foi "é hora de seguir novos caminhos".

Para mim, foi uma dor. Dor da partida de um grupo em que me reconheci de diversas formas, por mais que eu tivesse críticas e questões, que são inerentes a qualquer local de trabalho em que estamos inseridos. E por mais que eu tivesse no ápice de um momento de formação, muito feliz por tudo que estava sendo construído e que soubesse a resposta da natureza antes mesmo de perguntar, fiquei perplexo com a resposta que recebi. Não é tão simples decidir ir embora, mas faz parte quando precisamos crescer e a outra parte também.

Em qualquer projeto, precisamos pensar na sucessão para garantir a sustentabilidade do processo. E foi assim que, mesmo tendo organizado a formação que aconteceria, eu me vi discutindo e conversando com meus pares sobre a minha saída, com os amigos e com os demais colegas. Foi feito um processo seletivo para a vaga que ocupei e, para ela, eu indiquei um amigo com quem já tinha trabalhado. Ele era um entusiasta real, daqueles que atuam com a mão na massa, na articulação e na mobilização social para fazer parte da equipe.

Foi muito interessante para mim poder sair e saber que mesmo com novos espaços rumo à educação, o projeto continuava com diversas portas abertas: nas questões de cartografia social, educação diferenciada, saneamento ecológico, agroecologia e muitas outras atividades, agora com esse meu amigo, o Tito, tendo o Ticote à frente desse processo e agora com a entrada do Jad novamente na equipe.

Logo na minha saída, fui participar de um evento, o Encontro Nacional dos Comitês de Bacia Hidrográfica. Na época eu estava fechando a minha gestão como diretor-geral do Comitê de Bacia Hidrográfica da Baía da Ilha Grande, pelo qual conseguimos validar a revisão dos planos de saneamento, com inclusão das áreas rurais.

E nessa viagem de fechamento de ciclo, me vi em Foz do Iguaçu pela primeira vez, no encontro das águas do Brasil, da Argentina e do Paraguai. Naquele encontro pude meditar, refletir e receber uma mensagem de que agora eu precisava olhar para as águas num âmbito mais geral, poder olhar para as águas do Brasil. Na hora não entendi nada, mas logo depois eu recebi um convite para participar de outro projeto na Funasa que vim a atuar por dois anos.

Nesse projeto, no meio da pandemia, desenvolvi uma pesquisa qualitativa com a qual eu pude conhecer a cultura hídrica de quatro macrorregiões do Brasil: Nordeste, Norte, Sudeste e Sul. Também pude expandir ainda mais a minha percepção sobre a relevância de compreendermos o contexto socioeconômico e de cuidado do comum, bem como a cultura hídrica de cada comunidade e seus desafios para construir projetos que realmente possam ter diálogo e inclusão.

E, desde então, essa tem sido a minha jornada. E eu te convido a entrar nessa jornada junto com muita gente engajada, que tem atuado no campo das soluções baseadas na natureza, do saneamento ecológico e da ecologia profunda. Atuar de uma forma diferenciada demanda sistematização das tecnologias, novas abordagens e formas de diálogo que precisam ser construídas conjuntamente, coletivamente, a partir de experiências territorializadas.

Esse meu relato e diário de bordo é apenas uma reflexão e um incentivo para que você possa fazer da sua forma, incluindo o território/comunidade, ouvindo a natureza e acolhendo os conflitos, inclusive porque são os desafios que nos fazem aprender na prática. Aventure-se a atuar em projetos que te tirem da sua zona de conforto. De fato, só podemos crescer se nos permitimos fazer diferente.

TICOTE NO INSTITUTO DE PERMACULTURA E EDUCAÇÃO CAIÇARA (IPECA)
FOTO: MARIANA VITALI

13.

O REENCONTRO COM A NATUREZA

> "Nós temos o mesmo valor
> Temos todos o mesmo valor
> Sigo aprendendo sobre o que eu dou valor
> Daime luz e daime força
> Para reconhecer meu valor
> Daime sombra e daime amor
> Para reconhecer seu valor
> O valor que eu vejo em mim
> Ele está bem em você
> O valor que eu vejo em ti
> Ele está dentro de mim
> Vamos todos nos abrir
> para poder enxergar
> O valor de cada coisa
> de tudo que aqui está"
>
> Temos todos o mesmo valor – Gustavo Machado.

As soluções baseadas na natureza trazem novos paradigmas para que não só possamos incluir a natureza, mas escutar seus fluxos e necessidades. Nesse sentido, considerando que no Brasil ainda há escassez de saneamento e no campo do saneamento rural e das comunidades tradicionais em especial, ainda há alta precariedade, é imprescindível discutir e implementar tecnologias de saneamento na perspectiva de participação social como nas SBN.

No entanto, há um problema de contexto, pois grande parte das tecnologias aplicadas são dimensionadas para o cenário urbano e implementadas no cenário rural sem adequação a questões locais e culturais. Assim, cabe ressaltar a urgência e relevância de sistematizar e estruturar ações e pesquisas com abordagens territorializadas para alcançar efetivamente as minorias, utilizando tecnologias adequadas às localidades e promovendo justiça ambiental.

É importante ressaltar que a conjuntura vigente de políticas públicas de saneamento representa uma prática de exclusão e injustiça ambiental, por normalmente esse serviço ser majoritariamente atendido na área urbana, pela justificativa da densidade populacional para as populações que normalmente já têm qualidade de vida, a partir de práticas hegemônicas amparadas no capitalismo. Ainda, na visão de lucro e sustentabilidade das instalações, há um movimento hegemônico em expansão que é a formação de parcerias-público-privadas (PPP) para operacionalizar e oferecer o serviço "adequadamente", que pode excluir ainda mais a questão da participação social.

O PNSR/PSBR é voltado para atender à área rural de forma diferenciada, aponta novos caminhos para sistematização de experiências no campo do saneamento rural e ecológico. O programa já aponta a utilização de tecnologias sociais e a importância do envolvimento comunitário e da participação social, com reaplicação considerando os contextos culturais (ZANKUL et al., 2021).

Nesse cenário, a experiência de SBN a partir do saneamento ecológico apresentada no capítulo 6, no território da Praia do Sono (Paraty/RJ), mostrou-se como um caminho alternativo e simultaneamente demonstra um espelhamento da conjuntura nacional de exclusão. Os desafios encontrados representam a dificuldade das comunidades de garantir seu bem viver nos locais de origem, onde muitas vezes não há acesso a serviços básicos, como saneamento, saúde e educação.

Ao trazer à tona as soluções baseadas na natureza, podemos compreender que inclusive no contexto urbano ainda há uma abordagem convencional, que não considera os múltiplos contextos, inclusive a relação interdependente da natureza com os seres vivos, entre eles os seres humanos. Nesse sentido, as SBN trazem um novo paradigma que integra uma abordagem de tecnologia que escuta e inclui a natureza no contexto de convívio social com o ser humano. No entanto, não se trata apenas de adequar a tecnologia. Especialmente no contexto rural, é necessário escutar e envolver as pessoas de cada localidade.

Sendo assim, as SBN atreladas a metodologias participativas, como a pesquisa-ação e o Dragon Dreaming, no que tange à capilarização e construção de soluções territorializadas, podem convergir saberes tradicionais, permacultura e engenharia, baseadas em uma abordagem integral, sendo eficaz ao longo do processo, em fomentar e dialogar com o campo das políticas públicas para estimular e apresentar práticas de saneamento ecológico que possam ser reaplicadas.

Assim, te convido a buscar fomentar ações que possam ser reaplicadas e que promovam desenvolvimento real na sociedade. No mais, ao ler esse livro eu te convido a refletir comigo: como você pode mudar sua relação com a natureza e incluir tanto a escuta ativa quanto uma compreensão maior dessa relação? E junto a esse processo, como você pode incluir mais as pessoas, suas culturas, suas vozes, nos demais projetos que participa?

Eu trouxe, a partir da minha experiência, possibilidades de caminhos para abrir reflexões no campo de uma engenharia engajada, que efetivamente pode desenvolver tecnologias que sejam adequadas a cada contexto, considerando o social e o ambiental.

Cabe ressaltar que é preciso um grande esforço e múltiplas experiências de aprendizagem, a fim de expandir esse conceito de atuação e incentivar novos caminhos, para que esses sejam tomados como referência em um futuro próximo.

Para além das questões de saneamento, há um panorama socioambiental com alicerces profundos de exclusão de direitos e de expropriação, que afeta essas relações e que deve ser considerado em qualquer contexto de diálogo, para se construir intervenções e ações coletivamente.

No mais, ao envolver as pessoas de um território em ações de SBN e saneamento ecológico, cabe compreender as questões psicossociais e incluir os aspectos subjetivos individuais e sociais, para que efetivamente possa haver inclusão da história das comunidades e, assim, fomentar seu pertencimento e protagonismo.

Neste meio tempo, devemos abordar cada território com um olhar ainda mais profundo, pois não estamos falando apenas da falta de saneamento. Normalmente onde há essa escassez, existem outras desigualdades e expropriações sociais, e a falta de água e esgoto tratado são apenas espelhos de uma situação maior.

Além disso, as comunidades rurais passam por diversas restrições ambientais e econômicas, com desafios de manter práticas que estão relacionadas a sua identidade cultural. Outro ponto de alta complexidade que mudou vertiginosamente as relações nesses territórios são as práticas de expropriação das terras por conta de práticas hegemônicas, sejam de agricultura, pecuária, indústria ou turismo predatório, dependendo das condições de cada localidade.

Dessa forma, alicerçado na atuação intersetorial para a construção de um trabalho baseado na contribuição de comunitários, órgãos públicos e acadêmicos, horizontalmente, pode-se perceber que as oportunidades de aprendizados no trabalho coletivo, como na extensão, estão interligadas com os desafios em atuar com diversas visões de mundo, a partir das experiências de vida prévias de cada grupo social. Para lidar com essa questão, atuamos com a ecologia de sentidos, para efetivamente criar espaços de diálogo e propiciar a construção de uma visão de mundo compartilhada, fundamentado em um mosaico das múltiplas individualidades dos diversos atores locais participantes no processo.

A partir de uma abordagem psicossocial ao longo de todo o processo, pude perceber nitidamente a dinâmica de disputa do oprimido, que busca inconscientemente o lugar do opressor dentro de si, e isso acontece internamente em cada ator envolvido, em muitas das ações e discussões coletivas, como Freire aponta (2007). Essa compreensão deixou clara a importância do uso de uma metodologia participativa diferenciada que propiciaria equidade, não só no resultado final das ações, mas ao longo de todo o processo.

Outro ponto a ser considerado é que a relação com o saneamento também está relacionada à cultura comunitária de cada localidade. Em minha pesquisa de pós-doc pude fazer campos de estudo nos diversos estados do Brasil (Santa Catarina, Paraíba, Rio de Janeiro e Pará), e a questão da relação comunitária entrelaçada com a forma de cuidado dos sistemas de saneamento estava diretamente relacionada com a cultura hídrica. Logo, os projetos precisam realmente tanto escutar as pessoas e a natureza quanto se adaptarem a cada cultura comunitária.

Nesse sentido, um aprendizado a ser ressaltado, que deve ser implementado no início de processos com foco na gestão das águas, é a necessidade de conhecer a cultura de cada território com relação à água, conhecer a simbologia das populações, do que é considerado uma água limpa e uma água suja. Saber qual a simbologia dos corpos hídricos para os indivíduos com foco em uma escuta, baseado na psicossociologia, captar impressões mais profundas e subjetivas, alinhando assim intervenções tecnológicas com pertencimento e participação social, incluindo essas culturas.

Na experiência apresentada no capítulo 6, por exemplo, a condução de entrevistas semiestruturadas trouxe ampliação da compreensão das razões por trás de muitos hábitos dos comunitários e dos atores locais, que eram questionados pelos técnicos de saneamento ecológico e permacultura. Logo, a abordagem psicossocial, traduzida pelas ciências leves, se mostra fundamental, para promover um desenvolvimento sustentável que seja inclusivo e gere pertencimento, dando lugar as identidades e culturas de cada localidade.

A partir de cada diálogo e experiência, pude me tornar um pesquisador diferente, mais humano, mais conciliador e me colocar num lugar de maior horizontalidade com os diversos atores. E é essa práxis que precisa ser incorporada pelo engenheiro e pelo gestor. Foi extremamente empoderador, para mim, aprender a sair do papel de protagonista do projeto e me colocar como apoiador, apenas sistematizando a experiência. Ressalto que essa é uma desconstrução constante, que deve estar presente no dia a dia, pois como pesquisadores, internamente, podemos acabar por recair em um papel, que nos distancia da realidade e assim das pessoas de cada território. Desenvolver a escuta e efetivamente valorizar os saberes locais e a cultura daquele território foi um aprendizado fundamental em minha caminhada de compreensão acadêmica, humana e de pesquisa psicossocial.

Com base em cada conversa partilhada tomando café nos comunitários, nas fogueiras e principalmente nas entrevistas, pude desconstruir muitos preconceitos que tinha sobre as situações que enxergava em campo. Outro fato constatado foi sobre a equipe multidisciplinar e as lideranças também desenvolverem um olhar de pesquisador, a partir de reflexões, questionamentos e indagações, sobre como engajar e mobilizar a comunidade e os diversos atores locais.

Logo, fica clara a importância de uma atuação intersetorial e transdisciplinar para formar pesquisadores e atores, que realmente tragam soluções que apoiem tanto a sociedade quanto a natureza. Nessa conjuntura cabe ressaltar a relevância de perceber intervenções de saneamento ecológico na perspectiva de SBN como educativas para todos os envolvidos, desde comunidade até o pesquisador sistematizador da pesquisa.

Como reflexão final e considerando as limitações impostas, espera-se que esse livro traga novos caminhos e abordagens, para dar amplitude à temática de soluções baseadas na natureza, e mais especificamente no saneamento ecológico, em comunidades rurais e tradicionais de forma inclusiva e transdisciplinar, promovendo efeitos multiplicadores nos territórios, em consonância com os Objetivos de Desenvolvimento Sustentável da Agenda 2030.

Te convido a partir daqui a repensar sua práxis. Do que partilhei, o que você pode extrapolar para o seu dia a dia? Como pode mudar sua escuta para desenvolver tecnologias mais inclusivas, que possam se adaptar a contextos de maior cuidado com as relações, tanto com a natureza quanto com os seres humanos. Afinal, somos natureza.

FEITURA CASA DE FARINHA NA PRAIA GRANDE
FOTO: EDUARDO NAPOLI

REFERÊNCIAS

ALIER, M. J. O **ecologismo dos pobres**: conflitos ambientais e linguagem de valoração. São Paulo: Contexto, 2007.

AHLERT, A. Ação comunicativa e ética no acesso e uso sustentável da água: a experiência do saneamento rural de Marechal Cândido Rondon-Paraná. **Horizonte**, 11(32), 1571, 2013.

ARY JÚNIOR, I. J. **Avaliação da ação antimicrobiana do cimento Portland (AACP) e do desempenho do concreto produzido com esgoto doméstico tratado e bruto**. 2018. Tese (Doutorado em Engenharia Civil) – Centro de Tecnologia, Universidade Federal do Ceará, Fortaleza, 2018.

AVILA, R. A. P. O problema e a concepção libertadora da educação ambiental. **Estudos e projetos em educação ambiental e comunicação**, 1st Ed. pp. 21-31. Curitiba, PR, Editora CRV.

BARATA, M. M. L. et al. **Mapa de vulnerabilidade da população do Estado do Rio de Janeiro aos impactos das mudanças climáticas nas áreas social, saúde e ambiente**. Relatório 4–versão final. Department of Environment: Rio de Janeiro, Brazil, 2011.

BARBIER, R. A. **Pesquisa-ação**. Tradução de Lucie Didio. Série Pesquisa, v.3. Brasília: Liber Livro, 159p, 2007.

BARBUTO, L. Dragon Dreaming e suas linhas de canção. **Ecovilas Brasil**: caminhando para a sustentabilidade do ser, (Org): MAJEROWICZ, I.; TOGASHI, R.; VALLE, I. Rio de Janeiro: Ed. Bambual, 240 p., 2017.

BATESON, G. **Steps to an ecology of mind**. Chicago: The University of Chicago Press. 533 p, 2000.

BATESON, G. **Mente e natureza**. Rio de Janeiro: Francisco Alves, 1986.

BAVA, S. C. **Tecnologia social e desenvolvimento local**. In: Tecnologia social: uma estratégia para o desenvolvimento. Rio de Janeiro: FBB, 2004. pp.103-116.

BRASIL. Fundação Nacional de Saúde. Manual de orientações técnicas para o Programa de Melhorias Sanitárias Domiciliares. Brasília: Fundação Nacional de Saúde, 2013.

BRASIL. Ministério da Saúde. Fundação Nacional de Saúde. Orientações metodológicas para o programa de educação ambiental em saneamento para pequenos municípios. **Caderno de Orientações**: Caderno 1. Funasa; UEFS: Brasília, 2014.

BENYUS, J. M. **Biomimética** – inovação inspirada pela natureza. São Paulo:Pensamento-Cultrix, 1997.

BOFF, L. **Saber Cuidar**: ética do humano – compaixão pela terra. 16ª ed. Petrópolis, RJ: Vozes, 199 p., 1999.

BONATTI, M. et al. Climate vulnerability and contrasting climate perceptions as an element for the development of community adaptation strategies: Case studies in Southern Brazil. **Land Use Policy** 58, 114–122, 2016. Disponível em: http://dx.doi.org/10.1016/j.landusepol.2016.06.033 0264-8377/

CAMPOS, M. N. Integrando Habermas, Piaget e Grize: contribuições para uma teoria construtivista-crítica da Comunicação. **Revista FAMECOS**, v. 21, pp. 966-996, 2014.

CAPRA, F. **A teia da vida.** São Paulo: Cultrix, 1997.

CAPRA, F. A. **O ponto de mutação**. Tradução Álvaro Cabral. São Paulo: Cultrix, 445 p., 2006.

CARVALHO, J. A. S. **Psicologia social e educomunicação**: questões sobre o processo grupal. 2009. Dissertação (Mestrado em Psicologia Social) - Instituto de Psicologia, Universidade de São Paulo, São Paulo, 2009. Disponível em: <https://teses.usp.br/teses/disponiveis/47/47134/tde-04122009-131028/es.php>. Acesso em: 29 abr. 2020.

CERATI, T. M.; MORAIS LAZARINI, R. A. D. A pesquisa-ação em educação ambiental: uma experiência no entorno de uma unidade de conservação urbana. **Ciência & Educação** (Bauru), 15(2), 2009.

COELHO, C. F. **Impactos socioambientais e desempenho do sistema fossa verde no assentamento 25 de maio**, Madalena (CE). Dissertação (Mestrado em Desenvolvimento e Meio Ambiente), Universidade Federal do Ceará, Fortaleza, 2013.

COLETTE, M. M. **Contribuições da pesquisa-a**ção para o exercício da função social da universidade. 305 p. Tese de Doutorado em Comunicação – Escola de Ciências Sociais e Aplicadas, Universidade do Grande Rio (UNIGRANRIO), Rio de Janeiro, 2017.

CONSERVA, C. S. et al. Olhares sobre a drenagem em Brasília: expansão urbana e infraestrutura socioecológica na Serrinha do Paranoá, DF. **MIX Sustentável**, [S.l.], v. 5, n. 2, pp. 149-164, jun. 2019. Disponível em:<http://www.nexos.ufsc.br/index.php/mixsustentavel>. Acesso em: 5 mai. 2020.

COHEN-SHACHAM, E. et al. (eds.). **Nature-Based Solutions to Address Global Societal Challenges**. Gland, Suiza: Unión Internacional para la Conservación de la Naturaleza and Natural Resources (IUCN), 2016. Disponível em: <portals.iucn.org/library/sites/library/files/documents/2016-036.pdf>. Acesso em: 5 mai. 2020.

COSTA, A. B.; DIAS, R. B. Estado e sociedade civil na implantação de políticas de cisternas . In: COSTA, A. B., (Org.). **Tecnologia Social e Políticas Públicas**. São Paulo: Instituto Pólis; Brasília: Fundação Banco do Brasil, 2013. 284 p.

CROFT, J. **Introdução**: tornando os sonhos realidade. (Traduzido por Felipe Simas). 19 fev. 2009. Disponível em: <http://www.dragondreamingbr.org/portal/index.php/2012-10-25-17-02-40/fichas-tecnicas.html>. Acesso em: 2 fev. 2020.

CROFT, J. **A história e a experiência de Dragon Dreaming**. (Traduzido por Felipe Simas). 2011. Disponível em: <http://www.dragondreamingbr.org/portal/index.php/2012-10-25-17-02-40/fichas-tecnicas.html>. Acesso em: 2 fev. 2020.

CUNHA, G. M. **Prevalência da infecção por enteroparasitas e sua relação com as condições socioeconômicas e ambientais em comunidades extrativistas do município de Cairu-Bahia**. 243 p. Dissertação de Mestrado, Colegiado do Curso de Pós-Graduação em Saúde, Ambiente e Trabalho da Faculdade de Medicina da Bahia da Universidade Federal da Bahia, BA, 2013.

DAGNINO, R. **A tecnologia social e seus desafios.** In: Tecnologia social: uma estratégia para o desenvolvimento. Rio de Janeiro: FBB; 2004. pp. 187-209.

DESROCHE, H. Les auteurs et les acteurs. La recherché coopérative comme recherche-action. **Communautés**. Archives de Sciences sociales et de la Coopération et du Développement, n. 59, pp. 39-64, 1982.

DESROCHE, H. Pesquisa-ação dos projetos de autores aos projetos de atores e vice-versa. In: THIOLLENT, M. J. (Org). **Pesquisa-ação e projeto cooperativo na perspectiva de Henri Desroche**. São Carlos: EdUFSCar, 2006.
DE SOUZA, M. M. P. **Reciclando a crítica nos estudos organizacionais**: as tecnologias de gestão colaborativa no contexto da associação astriflores. Dissertação de Doutorado, Faculdade de Ciências Econômicas da Universidade Federal de Minas Gerais, Belo Horizonte, 2016.

DIAS, A. P. **Tecnologias sociais em saneamento e educação para o enfrentamento das parasitoses intestinais no Assentamento 25 de Maio**, Ceará [tese]. Fiocruz, 2017.

DIONNE, H. A. **Pesquisa-ação para o desenvolvimento local**. Tradução de Michel Thiollent. Brasília: Liber livro Editora.132p. Série Pesquisa, v.16, 2007.

DRAGON DREAMING. GUIA PRÁTICO DRAGON DREAMING. **Uma introdução sobre como tornar seus sonhos em realidade através do amor em ação Versão 2.0**, jan. 2014. Disponível em: https://dragondreaming.org/#ebook. Acesso em: 25 de fevereiro de 2020.

DUPIM, D. A. A. **Economia circular e biomimética**: uma análise no contexto de sistemas regenerativos. 2019. Dissertação (Mestrado em Ciências da Engenharia Ambiental) - Escola de Engenharia de São Carlos, Universidade de São Paulo, 2019.

ELLEN MACARTHUR FOUNDATION. **Rumo à economia circular**: o racional de negócio para acelerar a transição. Ellen Macarthur Foundation, 2015.

EMOTO, M. **The hidden messages in water.** Simon and Schuster, 2011.

EMOTO, M.. Healing with water. **The Journal of Alternative & Complementary Medicine** 10.1: 19-21, 2004.

ESREY S. A.et al. **Saneamiento Ecológico**, tr. da edição em inglês Ecological Sanitation. Agencia Sueca de Cooperación para el desarrollo Internacional - SIDA, Estocolmo, 1998.

FIGUEIREDO, I. C. S. **Nossas águas, nosso Palha**: educação ambiental e participação na comunidade rural do Córrego do Palha. 201 p. Dissertação de Mestrado, Programa de Pós-Graduação em Ecologia do Instituto de Ciências Biológicas da Universidade de Brasília, DF, 2006.

FONSECA, A. R. **Tecnologias sociais e ecológicas aplicadas ao tratamento de esgotos no Brasil**. 192 p. Dissertação de Mestrado, Escola Nacional de Saúde Pública Sérgio Arouca, Fundação Oswaldo Cruz, ENSP, Rio de Janeiro, RJ, 2008.

FREIRE, P. **Ação cultural para a liberdade**. 6ª ed. Rio de Janeiro: Paz e Terra, 1982.

FREIRE, P. **Extensão ou Comunicação?** Tradução de Rosiska Darcy de Oliveira, 8ª ed., Rio de Janeiro: Paz e Terra, 1983. Disponível em: http://www.emater.tche.br/site/arquivos_pdf/teses/Livro_P_Freire_Extensao_ou_Comunicacao.pdf.

FREIRE, P. **Conscientização**. São Paulo: Cortez, 2016.

FREIRE, P. **Pedagogia do Oprimido**. 60ª Ed. Rio de Janeiro: Ed. Paz e Terra., 2016.

FBB. Fundação Banco do Brasil. **Tecnologias Sociais Certificadas**. Prêmio Fundação BB de Tecnologia Social, 2017.

FUNASA. Fundação Nacional de Saúde. **Plano Nacional de Saneamento Rural** (PNSR), 2016. Acesso em: 12 dez. 16. Disponível em: http://www.pnsr.com.br.

GALBIATI, A. F. **Tratamento domiciliar de águas negras através de tanque de evapotranspiração.** Dissertação (Mestrado em Tecnologias Ambientais) - Universidade Federal de Mato Grosso do Sul, Campo Grande, 2009.
GALLO, E.; SETTI, A. F. F. Abordagem ecossistêmica e comunicativa na implantação de agendas territorializadas de desenvolvimento sustentável e promoção da saúde. **Cien Saude Colet:** 17(06):1433-1446, 2012.

GALLO, E.; SETTI, A. F. F. Desenvolvimento sustentável e promoção da saúde: implantação de agendas territorializadas e produção de autonomia. **Saúde em Debate**, v. 36, p. 55-67, 2012b.

GALLO, E.; SETTI, A. F. F. Território, intersetorialidade e escalas: requisitos para a efetividade dos objetivos de desenvolvimento sustentável. **Ciência & Saúde Coletiva.** v.19, n.11, pp. 4383-4396, 2014a.

GALLO, E.; SETTI, A. F. F. Efetividade em desenvolvimento sustentável: o caso do Projeto Bocaina. In: **Anais do GeoSaude:** a geografia da saúde no cruzamento de saberes. Coimbra, pp. 696-699, 2014b

GALLO, E. et al. **Territorial Solutions, Governance and Climate Change: Ecological Sanitationat Praia do Sono, Paraty, Rio de Janeiro, Brazil.** Climate Change Management. 1ª ed.: Springer International Publishing, pp. 515-532, 2016. Disponível em: https://link.springer.com/chapter/10.1007%2F978-3-319-24660-4_28.

GIATTI, L. L. et al. **Sanitary and Socio-environmental Conditions in the Iauarete Indigenous Area, São Gabriel da Cachoeira, Amazonas State, Brazil.** Revista Ciência e Saúde Coletiva, v. 12, n 6, ISSN: 1711-1723, 2007.

GIATTI, L. L. et al. **Condições sanitárias e socioambientais em Iauaretê, área indígena em São Gabriel da Cachoeira, AM.** Ciência & Saúde Coletiva, 12, 1711-1723, 2007.

GUATTARI, F. **As três ecologias.** Tradução Maria Cristina F. Bittencourt. Campinas: Papirus. ISBN: 85-308-0106-7, 1990.

HELLER, L. **Saneamento e Saúde.** OPAS/OMS 1997 – Representação do Brasil.

HERR, K.; ANDERSON, G. L. **The Action research dissertation** – a guide for students and faculty. Thousand Oaks: Sage Publications,155 p, 2005.

HERZOG, C. P. **Soluções baseadas na Natureza** NBS. Workshop Observação na Cidade. Brasília: Observatório de Inovação para Cidades Sustentáveis, 2019

HERZOG, C.; ROZADO, C. A. **Diálogo Setorial UE-Brasil sobre soluções baseadas na natureza:** contribuição para um roteiro brasileiro de soluções baseadas na natureza para cidades resilientes. Bruxelas: Comissão Europeia, 2019. Disponível em: https://oppla.eu/sites/default/files/docs/Portuguese-EU-Brazil-NBS-dialogue-low.pdf Acesso em: 6 mai. 2020.

HOLGADO-SILVA, H. C. et al. A qualidade do saneamento ambiental no assentamento rural Amparo no município de Dourados-MS. **Sociedade & Natureza**, 26(3), 2014.

HOMRICH, A. S. et al. The circular economyumbrella: trendsand gaps on integrating pathways. **Journal of Cleaner Production**, v. 175, pp. 525-543, 2018.

HOOKS, B. **Tudo sobre o amor:** novas perspectivas. São Paulo: Elefante, 2021.

REFERÊNCIAS 249

HU M.et al. **Constructing the ecological sanitation**: a review on technology and methods. J of Clean Prod (125) pp. 1–21. 2016.

IPCC Climate Change 2014: **Impacts, Adaptation, and Vulnerability.** Cambridge University Press. Cambridge, UK and New York, USA, 2014.

INEA. **Definição de categoria de unidade de conservação da natureza para o espaço territorial constituído pela reserva ecológica da Juatinga e área estadual de lazer de Paraty Mirim.** Reserva Ecológica da Juatinga, 68 p. Disponível em: http://arquivos.proderj.rj.gov.br/inea_imagens/reserva_ecologica_juatinga/caracterizacao_socioecu.pdf. 2011.

JÄNICKE, M. Modernização ecológica e política em sociedades industriais desenvolvidas. In: **Na política ambiental como um processo de modernização**. Wiesbaden: VS, 1993. pp. 15-29.

JARDIM, G. D. S. **A fonte que nunca seca**: uma análise sobre o trabalho cotidiano de mulheres em contato com a água. 196 p. Tese de Doutorado, Instituto de Psicologia, Programa de Pós-Graduação em Psicossociologia de Comunidades e Ecologia Social, Universidade Federal do Rio de Janeiro, Rio de Janeiro, Brasil. 2014.

JUSTIÇA AMBIENTAL. **Rede Brasileira de Justiça Ambiental** (RBJA), 2010. Acesso em: 24 ago. 2016. Disponível em: http: www.justicaambiental.org.br/_justicaambiental/pagina/phd?id=2300.

KLEBA, J. B. Engenharia engajada–desafios de ensino e extensão. **Revista Tecnologia e Sociedade**, v. 13, n. 27, pp. 170-187, 2017.

KORTEN, D. C. **The great turning**: From empire to earth community. Berrett-KoehlerPublishers, 2007.

KRENAK, A.. **A vida não é útil.** São Paulo: Companhia das Letras, 2020.

LAYRARGUES, P. P. Educação ambiental com compromisso social: o desafio de superar as desigualdades. In: **Repensando a educação ambiental**: um olhar crítico. São Paulo: Editora Cortez, 11-31, 2009.

LIANZA, S.; ADDOR, F. **Tecnologia e desenvolvimento social e solidário.** Porto Alegre: Editora UFRGS, 2005, pp. 17-45.

LIMA, D. M. A.; SÁ, T. S.; PINHEIRO, A. A. A. Community Forums: a strategy for building Participatory Local Development. **Psicologia Política**, v. 12, 59-70. Disponível em: http://pepsic.bvsalud.org/pdf/rpp/v12n23/v12n23a05.pdf. 2012.

LOVELOCK, J. A. vingança de Gaia. Tradução de Ivo Korytowski. Rio de Janeiro: Intrínseca, 159 p., 2006.

MACHADO, G. C. X. M. **Saneamento ecológico**: uma abordagem integral de pesquisa-ação aplicada na comunidade Caiçara da Praia do Sono em Paraty. 2019. Tese (Doutorado em Psicossociologia de Comunidade e Ecologia Social) Universidade Federal do Rio de Janeiro. Rio de Janeiro, 422p. 2019.

MACHADO, G. C. X. M. P.; BARBUTO, L.; CROFT, J. D. O método colaborativo aplicado na pesquisa-ação: contribuições do Dragon Dreaming na incubação social do saneamento ecológico. **Democracia, Ciência e Tecnologia**: aprofundando as contribuições sobre a incubação em economia solidária, v. 4 n. 1, 2021. Disponível em: https://periodicos.unb.br/index.php/cts/article/view/30463/31362

MACHADO, G. C. X. M. P. et al. **Caminhos e cuidados com as águas**: faça você mesmo seu sistema de saneamento ecológico. Rio de Janeiro, RJ: Fiocruz, 2019. Disponível em: https://issuu.com/otss/docs/v5_finalsiteotss_cartilha_saneament. Acesso em: 30 out. 2019.

MACHADO, G. C. X. M. P.et al. Ecological Sanitation: A Territorialized Agenda for Strengthening

Tradicional Communities Facing Climate Change. In: LEAL FILHO, W., FREITAS, L. E. (Org.) **Climate Change Adaptation in Latin America**: Managing Vulnerability, Fostering Resilience. 1 ed. Springer International Publishing, 2018, v. 1, pp. 103-129.

MACHADO, G. C. X. M. P. et al. Environmental Educommunication and Ecology of Knowledge in the Caiçara Community of Praia do Sono, Paraty, RJ, Brazil. **The International Journal of Sustainability Policy and Practice**. 13 (4): 15-31, 2018.

MACY, J.; BROWN, M. Y. **Nossa vida como Gaia: práticas para reconectar nossas vidas e nosso mundo.** Gaia, 2004.

MANDAI, P. **Modelo descritivo da implantação do sistema de tratamento de águas negras por evapotranspiração.** Associação Novo Encanto de Desenvolvimento Ecológico - ANEDE. Monitoria Canário Verde, Brasília. Relatório técnico, 2006.

MAMANI, F. H. **Buen Vivir/Vivir Bien:** filosofía, políticas, estrategias y experiencias regionales andinas. Lima: CAOI, 2010.

MELLO, D. A. et al. Promoção à saúde e educação: diagnóstico de saneamento através da pesquisa participante articulada à educação popular (Distrito São João dos Queiroz, Quixadá, Ceará, Brasil). **Cadernos de Saúde Pública**, 14, 583-595, 1998.

MELO, H. D. S. et al. Educação Ambiental em uma comunidade rural: uma abordagem sobre a preservação de nascentes e matas ciliares, **Estudos e Projetos em Educação e Comunicação Ambiental**, 1ª ed., pp. 109-117, Curitiba, PR, Ed. CRV, 2014.

MINAYO, M. C. de S. (org.). **Pesquisa social:** teoria, método e criatividade. Petrópolis: Vozes, 1993.
MINISTÉRIO DE MINAS E ENERGIA. **PLANSAB,** 2013. Acesso em: 12 dez. 2016. Disponível em: http://www. mma.gov.br/port/conama/processos/AECBF8E2/Plansab_Versao_Conselhos_Nacionais_020520131.pdf.

MINISTÉRIO DA SAÚDE. **Sustentabilidade das ações de saneamento rural:** proposições e possibilidades para um saneamento rural sustentável - saúde e ambiente para as populações do campo, da floresta e das águas. Brasília: 2015.

MOLLISON, B.; SLAY, R. M. **Introdução** à **permacultura**. Tradução André Luís Jaeger Soares. 2ª ed. Brasília: MA/SDR/PNFC, 1994.

MORIN, A. **Introdução ao pensamento complexo**. Lisboa: Instituto Piaget. ISBN: 978-85-205-0598-4, 1991.

MORIN, A. **Pesquisa-ação integral e sistêmica:** uma antropopedagogia renovada, Rio de Janeiro: DP&A. ISBN: 85-7490-312-4, 2004.

MOSCOVICI, S. **Para pensar a ecologia**. Rio de Janeiro: Mauad, Instituto Gaia, 2007.

NAESS, A.; SESSIONS, G. **Basic Principles of Deep Ecology**, The Anarchist Library, 1984. https://theanarchistlibrary.org/library/arne-naess-and-george-sessions-basic-principles-of-deep-ecology. lt.pdf

NASCIUTTI, J. Reflexões sobre o espaço da Psicossociologia. **Revista Documenta**. Rio de Janeiro, UFRJ, 1996, (7), pp.51-58.

NICOLAU, J. N. **Tecnologias de saneamento ecológico para o tratamento de esgoto doméstico** [TCC]. Niterói (RJ): Universidade Federal Fluminense, 2017.

NINIS, A. B. et al. Tecnologias sociais e saneamento: uma proposta de capacitação para agentes do SUS. *In*: BRASIL. Fundação Nacional de Saúde. **Territórios sustentáveis e saudáveis**: experiências de saúde ambiental territorializadas, desdobramentos e perspectivas. Fundação Nacional de Saúde. 1ª ed. v. 3. Brasília: Funasa, 2021.

ONU. **El futuro que queremos**. 2012 [Acesso em: 29 jan. 2016. Disponível em: http://www.uncsd2012.org/content/documents/778futurewewant_spanish.pdf.

ONU. ORGANIZAÇÃO DAS NAÇÕES UNIDAS. **Relatório mundial das Nações Unidas sobre desenvolvimento dos recursos hídricos 2018**: soluções baseadas na natureza para a gestão da água, resumo executivo. 2018. Disponível em: http://unesdoc.unesco.org/images/0026/002615/261594por.pdf Acesso em: 7 mai. 2020.

PAES, W. M. **Técnicas de permacultura como tecnologias socioambientais para a melhoria na qualidade da vida em comunidades da Paraíba**. 173 p. Dissertação de Mestrado, Programa Regional de Pós-Graduação em Desenvolvimento e Meio Ambiente - PRODEMA, Universidade Federal da Paraíba, PB, 2014.

PAMPLONA, S.; VENTURI, M. Esgoto à flor da terra. **Permacultura Brasil: soluções ecológicas**. (16), p.12, 2004.

PAULO, P. L. et al. Natural systems treating grey water and black water on-site: integrating treatment, reuse and landscaping. EcolEng, (50), pp. 95-100, 2012.

PHILIPPI, A. **Saneamento, saúde e ambiente**: fundamentos para um desenvolvimento sustentável. Barueri, SP: Manole, 2005.

PINHEIRO, L. S. **Proposta de Índice de Priorização de Áreas Para Saneamento Rural**: Estudo de Caso Assentamento 25 de Maio, CE [Dissertação]. Fortaleza (CE): Universidade Federal do Ceará, 2011.

PRADO, M. A. M. **A psicologia comunitária nas Américas**: o individualismo, o comunitarismo e a exclusão do político. **Psicologia: Reflexão e Crítica**, 15 (1) pp. 201-210, 2002.

RADIN, D. et al. Double-blind test of the effects of distant intention on water crystal formation. **Explore**, 2(5), 408-411, 2006.

RAYMOND, C. M. et al. **An impact evaluation framework to support planning and evaluation of nature-based solutions projects**. Report prepared by the

EKLIPSE Expert Working Group on Nature-based Solutions to Promote Climate Resilience in Urban Areas. Centre for Ecology & Hydrology, Wallingford, UK, 2017. Disponível em: http://www.eklipse-mechanism.eu/apps/Eklipse_data/website/EKLIPSE_Report1-NBS FINAL Complete-08022017 LowRes_4Web.pdf Acesso em: 5 mai. 2020.

RIDDERSTOLPE, P. **Introduction to grey water management**. EcoSanRes Programme, 2004.

ROSENBERG, M. B. **Comunicação não-violenta**: técnicas para aprimorar relacionamentos pessoais e profissionais. 4ª ed. São Paulo: Editora Ágora, 2003.

SAID, E. **Cultura e imperialismo**. Trad. Denise Bottmann. São Paulo: Companhia das Letras, 2011.

SANTOS, M. **Por uma outra globalização**: do pensamento único à consciência universal. 10ª ed. Rio de Janeiro: Record, 2003. ISBN: 8501058785, 9788501058782.

SANTOS, B. S. Para além do pensamento abissal: das linhas globais a uma ecologia de saberes. **Novos estudos CEBRAP**, São Paulo, n. 79, pp. 71-94, nov. 2007. Disponível em: <http://www.scielo.br/scielo.php?pid=S0101-33002007000300004&script=sci_arttext>.

SANTOS, B. S. **A gramática do tempo**: para uma nova cultura política – 2ª ed. – São Paulo: Cortez, 2008. (Coleção para um novo senso comum; v.4).

SANTOS, M. O dinheiro e o território. **GEOgraphia**, Rio de Janeiro, Ano. 1, n. 1, pp.7-13, 1999.

SETTI, A. F. F. **Efetividade de estratégias territorializadas de desenvolvimento sustentável e saúde**: construção e aplicação de uma matriz avaliativa. (Dissertação de Doutorado), 165 p., Faculdade de Saúde Pública, Universidade de São Paulo, 2015.

SIMAS, A. C. B. F. **Comunicação e diferença**: estudos em comunicação colaborativa para a sustentabilidade comunitária. 2013. 397 p. Tese (Doutorado em Comunicação) – Escola de Comunicação, Universidade Federal do Rio de Janeiro, Rio de Janeiro, 2013.

SIMONI, M. Engenharia de Produção da exclusão social. In: THIOLLENT, M.; ARAUJO FILHO, T. ; SOARES, R. L. S. (Org.). **Metodologia e experiências em projetos de extensão**. EdUFF, Niterói. 2000.

SOARES, I. D. O. Gestão comunicativa e educação: caminhos da educomunicação. **Comunicação & Educação**, São Paulo, n. 23, pp. 16-25, 2002.

SOUZA, M. M. P.; MENEZES, R. S.; DIAS, A. A. S. A Astriflores e a coleta seletiva em Florestal, Minas Gerais: em busca de uma gestão colaborativa. **Em Extensão**, Uberlândia, v. 14, n. 2, pp. 53-73, jul./dez. 2015.

SOUZA, M. M. P. de S. **Reciclando a crítica nos estudos organizacionais** [manuscrito]: as tecnologias de gestão colaborativa no contexto da Associação Astriflores. Tese de Doutorado em Administração da Faculdade de Ciências Econômicas da Universidade Federal de Minas Gerais. 324 f. 2016.

SOUZA, V. M. **Educação para permanecer no território**: a luta dos povos tradicionais caiçaras da Península da Juatinga frente à expansão do capital em Paraty-RJ.Tese (Doutorado em Psicossociologia de Comunidades e Ecologia Social) – Instituto de Psicologia, Universidade Federal do Rio de Janeiro, Rio de Janeiro, 2017.

SOUZA, M. M. P.; PAULA, A. P. Saindo da "Torre de Marfim" dos Estudos Organizacionais Críticos: a pesquisa-ação aliada a ferramentas colaborativas do Dragon Dreaming no caso da Astriflores. **Desenvolvimento em Questão**, n. 51, pp. 10-32, 2020. Disponível em: <http://dx.doi.org/10.21527/2237-6453.2020.51.10-32>. Acesso em: 10 jul. 2020.

THIOLLENT, M. **Metodologia da pesquisa-ação**. São Paulo: Ed. Cortez: Autores Associados. ISBN: 9788524917165. 1986.

THIOLLENT, M. **Metodologia da pesquisa-ação**.18ª ed. São Paulo: Cortez. ISBN: 9788524911705. 2011.

THIOLLENT, M.; OLIVEIRA, L. **Participação, cooperação, colaboração na relação dos dispositivos de investigação com a esfera da ação sob a perspectiva da pesquisa-ação**. Investigação Qualitativa em Ciências Sociais. 5 Congresso Ibero-americano em Investigação qualitativa, Atas CIAIQ 2016, v.3, pp. 357-366, 2016.

TOLEDO, R. F. D.; GIATTI, L. L.; JACOBI, P. R. A pesquisa-ação em estudos interdisciplinares: análise de critérios que só a prática pode revelar. **Interface-Comunicação, Saúde, Educação**, 18, 633-646. 2014.

TOLEDO, R. F. D. et al. Comunidade indígena na Amazônia: metodologia da pesquisa-ação em educação ambiental. **Mundo Saúde** (Impr.), 559-569, 2006.

TRIPP, D. Pesquisa-ação: uma introdução metodológica. **Educação e Pesquisa**, 31(3), 443-466, 2005. Disponível em: http://www.scielo.br/scielo.php?script=sci_arttext&pid=S1517-97022005000300009&lng=pt &tlng=pt. 10.1590/S1517-97022005000300009.

UNU-INWEH. United Nations University Institute for Water, Environment and Health . **Sanitation as a Key to Global Health**: Voices from the Field, 2010. Acesso em: 24 set. 2016. Disponível em: http://www.bvsde. paho.org/texcom/cd045364/sanitationkey.pdf.

UNITED NATIONS. **El futuro que queremos.** Disponível em: http://www. uncsd2012.org/content/ documents/778futurewewant_spanish.pdf. 2012. Acesso em: 29 jan. 2020.

VASCONCELOS, E. M. **Complexidade e pesquisa interdisciplinar** – epistemologia e metodologia operativa. Petrópolis: Vozes, 2004.

VIEIRA, I. **Círculo de bananeiras**. 2006. Disponível em: <http://www.setelombas.com.br/2006/10/circulo-de-bananeiras>. Acesso em: 29 abr. 2020.

VOULVOULIS, N. Water reuse from a circular economy perspective and potential risks from an unregulated approach. **Current Opinion in Environmental Science & Health**, Waste water and reuse. v. 2, pp. 32–45, 1 abr. 2018.

WAHL, D. C. **Design de culturas regenerativas**. Rio de Janeiro: Bambual Editora, 2019.

WENDLING, L. A. et al.. Benchmarking nature-based solution and smart city assessment schemes against the sustainable development goal indicator framework. **Frontiers in Environmental Science**, Vol. 6, N.° 69, 2018. Disponível em: <https://www.frontiersin.org/articles/10.3389/fenvs.2018.00069/full>. Acesso em: 7 mai. 2020.

WEIHS,M.; MERTENS, F. Os desafios da geração do conhecimento em saúde ambiental: uma perspectiva ecossistêmica. **CienSaúde Colet**, (18) 5:1501-1510, 2013.

WERNER, C. et al. Ecological sanitation: principles, technologies and project examples for sustainable wastewater and excreta management. **Desalination**, 248(1), 392-401, 2009.

WINBLAD, U., SIMPSON-HÉBERT, M. **Ecological Sanitation** - Stockholm Environment Institute - SEI, Stockholm, 2004.

WWDR. World Water Development Report. **Nature Based Solutions for Water**. UNESCO, 2018.

YUAN, Z. el al. The Circular Economy: A New Development Strategy in China. **Journal of Industrial Ecology**, v.10, n 1, pp 4-8, 2006.

ZANCUL, J. S. et al. Saneamento e saúde no Programa Saneamento Brasil Rural: desafios e possibilidades de uma atuação territorializada. In: BRASIL. Fundação Nacional de Saúde. **Territórios sustentáveis e saudáveis**: experiências de saúde ambiental territorializadas marco teórico. Fundação Nacional de Saúde. 1ª ed. v. 1. Brasília: Funasa, 2021.

ZAPPELLINI, M. B.; FEUERSCHÜTTE, S. G. O uso da triangulação na pesquisa científica brasileira em administração. **Administração: Ensino e Pesquisa**, 16(2), 241, 2015.

SANEAMENTO ECOLÓGICO COM HIPERADOBE NA PRAIA DO SONO
FOTO: EDUARDO NAPOLI